聪明人，都下笨功夫

《意林》图书部 编

吉林摄影出版社
·长春·

图书在版编目（CIP）数据

聪明人，都下笨功夫 /《意林》图书部编. -- 长春：吉林摄影出版社，2024.9. --（意林小励志）.
ISBN 978-7-5498-6281-8

I.B848.4-49

中国国家版本馆CIP数据核字第2024Q3337C号

聪明人，都下笨功夫 CONGMING REN, DOU XIA BEN GONGFU

出 版 人	车 强
出 品 人	杜普洲
责任编辑	吴 晶
总 策 划	徐 晶
策划编辑	肖桂香
封面设计	刘海燕
美术编辑	刘海燕
发行总监	王俊杰
开 本	787mm×1092mm 1/16
字 数	180千字
印 张	10
版 次	2024年9月第1版
印 次	2024年9月第1次印刷

出 版	吉林摄影出版社
发 行	吉林摄影出版社
地 址	长春市净月高新技术开发区福祉大路5788号
	邮 编：130118
电 话	总编办：0431-81629821
	发行科：0431-81629829
网 址	www.jlsycbs.net
经 销	全国各地新华书店
印 刷	天津中印联印务有限公司

书 号	ISBN 978-7-5498-6281-8	定价 20.00元

启 事

本书编选时参阅了部分报刊和著作，我们未能与部分作品的文字作者、漫画作者以及插画作者取得联系，在此深表歉意。请各位作者见到本书后及时与我们联系，以便按国家相关规定支付稿酬及赠送样书。

地址：北京市朝阳区南磨房路37号华腾北搪商务大厦1501室《意林》图书部（100022）

电话：010-51908630转8013

版权所有 翻印必究

（如发现印装质量问题，请与承印厂联系退换）

目录 CONTENTS

第一辑

真正的高手，都是后天练成的

中国科幻的引路人，原来是鲁迅　沈　昭 | 2
设定一个迷人的理由
　　［美］丹尼斯·魏特利　译/陈荣生 | 3
揭秘！新闻发言人是这样炼成的　傅　莹 | 4
你能抽出一分钟的时间吗
　　［美］科林·埃弗雷特　译/张君燕 | 6
不怕做最后一名　邱雷苹 | 8
"笨"是一种态度　米丽宏 | 10
青年与暮年　蓝若兮 | 12
什么是最好的时间管理　佚　名 | 13
回到古代，哪个专业最吃香　吴　莉 | 14
最不重要的素质就是智商　施一公 | 16
慎走捷径　陈鲁民 | 18
做事分等级，先抓牛鼻子　李　原 | 20
如何面对别人的误解　佚　名 | 22
君子豹面　华　姿 | 24

第二辑

成长最快的方式，就是与优秀的人同行

典故里的"带货达人"　项　伟 | 26
《红楼梦》里最聪明的人　季羡林 | 28
如果你画托尔斯泰　蒯乐昊 | 30
像狐狸一样思考
　　　　　[美]彼得·沙洛维　译/佚　名 | 32
天才的眼睛　明前茶 | 33
杨绛回应翻译"歪风"　宋春丹 | 34
只登一步　张　希 | 36
勇者败　[巴西]保罗·柯艾略　译/夏殷棕 | 37
用100天追回1095天　周筱谷 | 38
追求开心也是有风险的　思小妞 | 40
最重要的一手　张　炜 | 42
寻找智慧　商　丘 | 43
学霸为啥总说自己"没考好"　鲍安琪 | 44
满身是诗　白音格力 | 46
天才，就是缓慢的耐心　米丽宏 | 48
与动物挂钩的"博士"们　文　竹 | 50

第三辑

学习力，就是我们的超能力

长大与长进　阿　蒙 | 52
如何求出熊是什么颜色　程应峰 | 53
借大势做大事　陆长全 | 54
20分钟　斯图尔特 | 55
射鸦英雄传　青　丝 | 56
朝三暮四的猴子可不傻　鹤老师 | 58
避　短　赵盛基 | 59
让自己有趣的捷径　佚　名 | 60
有利速度点　周　岭 | 61
越好的关系，越要如履薄冰　李清浅 | 62
门闩察人　孺子羊 | 63
迟到百年的学位证　仇广宇 | 64
这些成语竟然偷偷换了主角　点点冰 | 66
辞达则止，不贵多言　王丕立 | 68
批评家　[黎巴嫩]纪伯伦　译/薛庆国 | 69
巧用"瑕疵"　胡建新 | 70
蛇的生存智慧　关成春 | 72
你是边缘的羊吗　东风破 | 74
用起来才不容易坏　黄小平 | 76

第四辑

攒了一把暖给你

孔门里的坏学生 周　渝│78
退稿图书馆 刘志坚│80
生气不如争气 佚　名│81
一节冒冷汗的戏剧课 周　晓│82
蜗牛和玫瑰树 [丹麦]安徒生 译/佚　名│84
"孕妇效应"让你想啥就看见啥 程　心│86
目的颤抖和稀缺占用 宗　宁│88
我低如尘埃，我心怀云彩 7号同学│90
"我觉得你不喜欢我" 曾　昊│92
你就输在"假装努力" 北辰冰冰│94
别怕道歉，其实人类天生爱原谅 张树婧│96
尊重情绪 桃知了│97
如何拍出最佳掌声 袁则明│98
在小河里捞大鱼 祝师基│100
改进1%的力量 陈志宇│101
暗示的力量 刘荒田│102
娇　惯 [德]叔本华 译/韦启昌│104

第五辑

熬过低谷，繁华自现

我是落榜了，但我逆袭了啊　金陵小岱 | 106
控制自己的梦想　林　庭 | 108
抬头与努力　黄超鹏 | 109
那些小说教我的事　陈　沐 | 110
下台的时候，一定要好看　黑猫墨墨 | 112
恐龙大灭绝时期鸟类是如何幸存的　浩　源 | 113
你一定得让我后悔　丘艳荣 | 114
多虐待筋骨，不虐待心情　吴淡如 | 116
眼光迟钝　梁凤仪 | 117
换一种方式说"我不行"
　［美］昆西·卡斯卡特　译/乔凯凯 | 118
爬山的人　尤　今 | 120
避免"计数器陷阱"　李睿秋 | 122
成长是不再与自己的性格为敌　罗近月 | 124
喝白开水的境界　施群妹 | 126
限量感动　子　沫 | 127
停在风景最美处　钟二毛 | 128

第六辑

对未来有信心，对当下有耐心

初入职场，灵活运用"学生气"闪光点　李　戈 | 130
有多少人败给了"慢马定律"　Autumn | 132
在古代，翻译是个高危职业　董苏豪 | 134
先做收入最高的工作　万维钢 | 136
南窗和北窗　向墅平 | 137
逆天的对手　须一瓜 | 138
不要留意轻松的事情　佚　名 | 140
匍匐的猎手　沈华山 | 141
告诉孩子家里的财政状况　有梦想的小咸鱼 | 142
被看到很重要　雯　颖 | 144
多看效应：为什么看的次数越多越喜欢　卜伟欣 | 146
苍蝇会不会觉得自己蝇生漫长　司马亿 | 148
你在努力，你的大脑在偷懒　国　馆 | 150

第一辑

真正的高手，
都是后天练成的

中国科幻的引路人，原来是鲁迅

□沈 昭

200多年前，英国女作家玛丽·雪莱写出了世界上第一部真正意义上的科幻小说《弗兰肯斯坦》。相较于世界科幻文学发展进程，中国科幻文学的发展不过百年，而中国科幻的引路人，其实是我们再熟悉不过的鲁迅先生。

鲁迅的文学生涯是从翻译开始的。1902年，21岁的鲁迅赴日留学，在东京读到了法国科幻大师儒勒·凡尔纳的《十五少年漂流记》和《海底两万里》。狂热读者鲁迅难以满足，开始自己动手翻译小说，他选择了凡尔纳的两部小说，命名为《月界旅行》和《地底旅行》，1903年出版了中译本，这两部书现在的正式译名是《从地球到月球》和《地心游记》，是两部大名鼎鼎的科幻小说。接下来的两年中，鲁迅又翻译了《北极探险记》和《造人术》，其中《造人术》的作者即是科幻作家路易斯·托仑。

作为"理工男"，鲁迅在学生时代先学了采矿，又去学医，还教授过生物、化学和地理，"侏罗纪""地质"等学术词语就是鲁迅最早发明使用的。从他翻译的作品来看，鲁迅很喜欢硬核科幻文学。

在《月界旅行》中，鲁迅写了一篇《辨言》，算是译作的前言，阐述了自己对于"科学小说"的认识，这篇文章在中国科幻文学史上有着重要的地位，是晚清时期相对完整的一篇对科幻理论的讨论。鲁迅提出，科学固然为征服自然之利器，但自然并不是可以轻易降服的。他之所以提倡科幻文学，意在普及科学。在文中，他还畅想了未来："殖民星球，旅行月界，虽贩夫稚子，必然夷然视之，习不以为诧。"

若是鲁迅能看到今天我们的宇航技术和对地外宇宙探索的成就，能看到《流浪地球》《三体》等优秀的科幻作品，或许他也会点个"想看"。

不慌不忙　来日方长

创造力是一种将看起来不相关的事物关联起来的能力。

设定一个迷人的理由

□［美］丹尼斯·魏特利　译／陈荣生

我给你一只手提箱，手提箱里装着一百万美元。它被放在一栋大楼内，从你此时的位置开车到那里，大约需要一个小时。交易条件是：你只需要从现在起，在两个小时之内到达那栋大楼，我就会把手提箱交到你手上，而你就会成为百万富翁。但是，如果迟到了哪怕一秒钟，你就一分钱也拿不到。没有任何例外！

牢记这个条件之后，绝大多数人会选择立即启程。你很兴奋，跳上车，开始朝那栋大楼驶去。但这时交通突然瘫痪了。你根本无法在两个小时之内到达那里！

现在，你该怎么办呢？你是放弃，然后回家，还是下车找其他途径，以便按时到达那栋大楼？

现在，让我们假设，你正驱车前往牙医诊所看病。此时，交通意外中断了，那么你会怎么办呢？也许你会选择放弃，回家，然后重新预约，你根本不会为了去牙医诊所全力以赴！

这两种情况有什么不同呢？就是理由，即为什么。

如果理由足够强大，那么使用的方法通常就不是问题了。这个迷人的"为什么"是你行动的动力。

积极上进的人，在做任何一件事的时候，都能设定和利用一个迷人的理由。

> 不慌不忙 来日方长

无论如何，我一定要去试试，即使不能证明我可以，那也要证明我不可以。

揭秘！新闻发言人是这样炼成的

□傅　莹

　　新闻发布会总有可预见和不可预见的成分，好的新闻发布会的引人入胜之处，恰在于其可预见性和不可预见性的交错。预先做尽可能全面的准备，有利于增加可预见部分；认真学习和积累则可以为应对不可预见的部分奠定基础。对我而言，将重点问题的答问要点建构好，只完成了发布会准备工作的一半。若想增加可预见性，应对好不可预见性，最大限度地提升临场应变能力，我需要做到：一是牢记答问要点，二是据此训练应对各类问题的能力。这是发布会准备的下半场，于我而言也是最艰苦的阶段。

训练的第一步是牢记答问要点

　　要对其中的核心内容烂熟于心。目的是面对这类提问时，我能较顺畅、清楚和口语化地表达出来。

　　熟悉答问要点的过程很痛苦、很熬人，需反复强化记忆。法律问题最讲究逻辑严谨、表达清晰、意思准确，"权利"与"权力"有不同，"期限"和"期间"要区分，如此种种，不一而足，不能混淆。

　　我把一天分为上午、下午和晚上三个时段，每个时段的开始都要强化前一次训练的答问提纲，再记新的答问提纲。我让助手把答问提纲一段一段地录在手机里，在午饭后散步时听，然后复述。针对出错率高的词语和表述，下班后，我会找个人少的公园，在一个角落对着一棵树重复多遍，希望训练出口腔肌肉的记忆惯性，避免在这些词语上卡壳。团队成员跟我开玩笑：记得每次换棵树，别让那棵树厌烦得枯萎掉。

　　背诵记忆，也是检验和进一步打磨答问要点和表述的过程。这段时间，家人是最好的听众和老师，他们听我讲，提醒我哪些地方太啰唆，哪些地方表述不清楚，哪些内容"众所周知"，可不用讲。

训练的第二步是演练

新闻发布会上，发言人需在很多无法预见的条件下掌控会议进程，充分利用记者提问的每个机会，传递大会的信息。要在高强度压力下快速思考，组织好每句话，考虑到说出去的话的影响和效果，这种能力需通过演练来培养和提高。

我需要通过训练来培养一种能力，即无论记者从哪种角度提问，我都能把准备好的内容与记者提出的问题尽可能自然、合理地连接上，准确传递我想表达的核心信息。

怎样训练？由团队成员围绕重点问题对我进行交叉提问。一般有两三名助手参加，他们记下我的口误或遗漏，逐一指正。一次又一次的演练使我的表达越来越顺畅，也更加自信，自由发挥的空间也越来越大，时常出现灵光一闪的想法，成为将来可使用的亮点。

训练的第三步是模拟演练

团队会布置一个模拟新闻发布会的场景，有人扮演主持人，有人当记者提问，还有人负责计时和记错，严格按正式程序和方式进行。模拟演练可以帮助我适应充满紧张感的气氛，减少面对镜头时的不自然感，提前释放因紧张而导致的压力情绪。

我与团队一起观看录像，查找存在的问题。表达是综合性结果，不仅关乎说什么，还在于用什么方式、神态、口吻来说，甚至肢体语言都构成表达的一部分。

最后一件需要记住的重要事情就是：微笑。微笑是一种态度，这不仅是新闻发言人对公众的态度，我想，也是中国对世界的态度。

不慌不忙 来日方长 你坚持的样子真的很动人：无论中途多么曲折，无论有过多少次怀疑、犹豫、停滞，你始终没有缴械离席，仍跋涉在路上。

你能抽出一分钟的时间吗

□[美]科林·埃弗雷特 译/张君燕

新找的这份工作让我变得有些忙碌，不过薪水对我来说足够高了，所以总体来说我还算满意。为了工作起来更方便，我从父母家搬了出来，租住在一间单身公寓里。

自从开始一个人住，我的生活变得忙乱不堪。以前每到周末，我可以开心地和朋友聚会、郊游，或者舒服地躺在家里看电影、听音乐。可现在，我不得不花上一个早上的时间去整理房间，铺好乱糟糟的床，把扔在沙发上的大衣挂好，清理一下地板，还要去厨房清洗积累一周的盘子——我的工作太忙了，所以每天晚餐的盘子就一直留到了周末。虽然都是一些细小的事情，但做完这些常常让我筋疲力尽，完全不想再做其他事情，有时甚至还会占用我一整天的时间。悠闲放松的周末就这么泡汤了，这让我感觉无比糟糕。

一个周末，我回父母家里拿东西，他们刚刚结束一场美好的野餐归来。这时我突然想起来，父母平日工作也很忙，但印象中他们的周末从来都很悠闲，而且家里时常井井有条，一点儿也没有我遭遇的焦头烂额的状态。他们是怎么做到的呢？

"噢，可怜的孩子。"听了我的讲述，母亲拉起我的手轻轻拍了两下，接着一脸疑惑地问："可是，为什么要拖到周末才整理房间？"

我摊开双手，无奈地回答："因为我每天都很忙呀，上班时间安排得很满，下班后还要赶任务、做报表……"

"那么，你能抽出一分钟的时间吗？"母亲打断我的话问。

　　我迟疑了一下，点点头，肯定地说："虽然很忙，但抽出一分钟的时间还是可以的。"

　　母亲笑了笑，说："那就行了！你知道吗？一分钟其实可以做很多事情，比如餐后及时清洗盘子，把脱掉的脏衣服放进洗衣机……如果每天这样做，你就能好好享受周末时光了！"

　　母亲的话听起来似乎很有道理，但一开始我并不打算这样做，我觉得它会打乱我的工作计划。但失去大好的周末时光又让我痛心不已，于是我决定试一试。不过一周之后，我已经彻底爱上了这种方式，它不仅没有影响我的工作，反而让我重新拥有了轻松惬意的周末。

　　直到现在，我都保持着这样的习惯。我把它称为"一分钟法则"：如果你发现做一件事情需要花的时间不到一分钟，那么就立刻去做。是的，其实大部分的小事都不像它们看上去那样让人讨厌，而且最后的结果值得我们在这些事情上所花费的每一分钟。

不慌不忙　来日方长

如果将才华比作一件银器，在热爱的擦拭下，那些被遮蔽的光泽才会慢慢闪耀出来，焕发出最生动美好的模样。

不怕做最后一名

□邱雷苹

1

每次长跑考试前，大家总笑着说都慢点都慢点，我曾经试过，毕竟长跑很累，我不想这么累。可就像本能一样，我只要看到有人跑在我前面，我就想要去超越他。

我虽没经过系统训练，但自知身体的各种极限，比如巅峰那几年1000米项目跑到3分34秒是我正常发挥，但也可以快几秒，那样我在冲刺阶段会手脚麻木。如果再快一点儿，头就会痒，一旦这种感觉出现，跑完一定会吐。

我上小学和初中时都很强，从没有我跑吐都超不过的对手。

高一那年，我照常报了校运动会1000米，我冲班主任拍胸脯，保证拿到前三回来。班主任说："上场的都是二级运动员，我们班没体育生，你瞎跑跑就行。"我说："你看着。"他答："我会看着，但你别太较真儿。"

运动会到了。起跑不久，我就发现在我前面的几个人都显得太游刃有余了……明明是自己最熟悉的节奏，我却越来越落后，眼睁睁看着自己跑到最后一名。我什么时候跑过最后呀？

我咬咬牙齿，加快节奏，强行提速。我说过，我极度讨厌别人跑在我前面。可这世界上就是有你怎么样也超不过的人。

我跑得手脚发麻，眼睛模糊了，可那些影子只是离我稍近了些，随着比赛到尾声，他们也在加速。我那时候脑子里只想着一件事——无论如何，绝不能跑最后一个！我再提速，那时候手已经没知觉，动作都变形了，可确实还能快一些。随后我头开始痒，开始发麻。看台上的声音都听不见了，我都怀疑自己跑的不是直线。

跑过终点线，我就蒙了，大脑从麻到热，然后开始变重，渐渐走不稳路，直接坐在赛道上，然后自顾自吐起来。我就记得一幕——班主任从看台上面跑下来，然后是跳着翻过最后一个围栏，朝我冲过来。

我忘记自己坐了多久，后来被班主任搀回休息室，喝水——吐，喝水——吐。嘴里反复问，那个人我超了没有。班主任就说，结果还没出来，那时候我脑子不清楚没意识到——这不是一眼就看得出的事情吗？

2

那次我得了最后一名，跑了最后一名还跑吐了，进了医院。这结局我无法接受。一整天我都如坐针毡，最怕有人过来安慰我，说些努力跑完就很棒了这类话。后来我知道，班主任提前告诉所有人，不要安慰我，权当这事没发生过。

他顾及我的自尊心，后来是在我一篇作文的评语里写了一段长文。文章很长，我只记得一句了，他说，除去这次，在你以后的生命中，还会出现许多这样的时刻，你会发现哪怕拼尽全力也改变不了什么。

我现在能懂这句话的意思了。尤其随着年龄增长，我发现自己越来越能容忍别人跑在我前面，慢慢离我越来越远。我们终将接受自己人生平淡的底色，现在想想，坦然接受未必不是一种磊落和洒脱。

只是很偶尔，看到有人跑在我前面，我还是会不甘心。

我会想起当初那个跑吐躺在赛道上的少年，每到这时，就会想，再勉强一下，再勉强一下……

付出确定的努力就能得到确定的结果，这是多么幸运啊！只是许多时候，见到熬完一夜还是毫无成果的电子文档，见到再苦也劝不回的关系，还是会不由自主地放慢脚步，然后在离终点线还很远的地方就停下。

我不会吐了，不会声嘶力竭了，我会体面地失败，体面地停下，然后继续前进。我不知道这是好是坏。只是仍然会希望，曾经那个吐着倒在赛道上，不断询问自己最后得了第几名的少年，他别对我失望。

> **不慌不忙 来日方长** 我们碰巧成为自己，但我们可以不止于此。

"笨"是一种态度

□米丽宏

在《文心雕龙》中，刘勰对历史上几位名人的写作景况如此描述："相如含笔而腐毫，扬雄辍翰而惊梦，桓谭疾感于苦思，王充气竭于思虑，张衡研《京》以十年，左思练《都》以一纪。虽有巨文，亦思之缓也。"

司马相如含笔写作，直到笔毛腐烂，文章始成；扬雄作赋，用心太苦，因而梦寐不安；桓谭因苦苦构思而生病；王充因著述过度用心而气力衰竭；张衡创作《二京赋》，耗时十年；左思推敲《三都赋》，历时十二载。创作时下笔有快慢，天分不同；但是当"笨"成为一种态度、一种守持，早晚能成大器。

一位作家谈到中国古文时说，读古文仿佛置身博物馆，先秦文章是青铜器，楚辞是陶罐，魏晋文章是汉瓦，唐宋文章是秦砖。他还说，庄子是编钟，老子是大鼎，李白的诗歌是泼墨山水，杜甫的诗歌是工笔楼台，苏东坡的小品是碧玉把件，三袁、张岱的作品仿佛青花茶托。

看来，全是"笨"功夫啊。那些有分量的诗文，哪个不是由点点滴滴的心血、丝丝缕缕的才思织塑而成？没有一点儿刻意守持的"笨"功夫，青铜、陶罐、汉瓦、秦砖怎么做得出来？

贾岛这位"苦吟诗人"，大白天也推推敲敲，竟闯进了文坛大家韩愈的车队。据史料记载，贾岛写起诗来，"两句三年得，一吟双泪流"。现代作家里也有这样的人。白先勇写《游园惊梦》，便如托尔斯泰写《安娜·卡列尼娜》，六易其稿；其同辈王文兴更慢更细，写小说一日只写300字，后来打对折减产至150字。

被称为"中国最笨历史作家"的汪衍振，花了大半辈子时间研究晚清三大名臣，耗费21年心血才出版人生中的第一套书。大家为他算了一笔账，平均一天一百多字，堪称"龟速"。为搞清楚曾国藩初入官场12年的升迁细节，汪衍振搜阅了近2000万字的历史资料，用心之苦、用力之深，到了无孔不入、无坚不透的地步。21年间，除了最基本的生活外，汪衍振全部时间都用来查找资料、核对史料、读书写作。有时为了一段史实的出处，他可以不吃不喝埋头工作，通宵达旦。

对于自己的"笨"，汪衍振并不觉得有何不妥。他认为，"笨"是一种态度。"笨"，才会严谨，才会小心。不管多聪明的创作者，一旦涉及创作，都不敢不"笨"。

还有一类人，看似灵气大于功夫，譬如李白、黄公望，他们在艺术上自成一格，别人与之相比，不是不够，就是过火，总不如他们熨帖舒服。仔细想想，全凭才气和天分，不使点"笨"功夫，恐怕也是不行的。因为，灵气也要在积累中生发。

一切的努力，都是对自己的不满，都是对完美的靠近。至于怎么努力，无非笨笨地琢磨，笨笨地积累，笨笨地发力。正如曾国藩所说，"唯天下之至拙能胜天下之至巧"，不走捷径，不耍心机，才能有实实在在的收获吧。

不慌不忙 来日方长　小成功其实是细微优势的稳定运用，一旦一个小成功完成了，就会推动下一个小成功的出现。

青年与暮年

□蓝若兮

教授请年轻学生和老者参加问卷调查。

老者拿到的题目是：暮年之人一生中最后悔什么？老者给出答案：一是年少没有努力，二是选错职业无成就，三是教育子女不当，四是没有经常锻炼身体，五是没有珍惜伴侣，六是对双亲尽孝不够，七是婚姻里没有爱情，八是未能周游世界，九是赚钱不足。

年轻学生拿到的题目是：年轻之人一生中最想要做什么？年轻学生给出答案：一是赚更多钱，二是周游世界，三是成家立业，四是孝敬父母，五是珍惜伴侣，六是锻炼身体，七是教育子女，八是找份挣钱又不辛苦的工作，九是以后再努力。

年轻时，第一重要的是赚更多钱，排在最后的是努力。暮年时，第一后悔的是年少没有努力，排在最后的却是赚钱不足。原来，年轻时和暮年时所需要的恰恰相反。可是，当明白之后，人已经垂垂老矣。

> 不慌不忙 来日方长
>
> 把美德、善行传给你的孩子们，而不是留下财富，只有这样，才能给他们带来幸福——这是我的经验之谈。

什么是最好的时间管理

□佚 名

最近我看到一个观点，说时间管理这件事，一般方法的入手点，可能都错了。为啥？因为都是想站在自己和时间的外面，规范对时间的使用。这样管理得越狠，就越是分秒必争，就会让自己的生活越绷越紧，最后谁都受不了。

那时间管理的秘诀是什么呢？其实秘诀就四个字。头两个字是"沉浸"。沉浸在自己做的事里面。你可能会说，不对啊，我就是沉浸在刷手机、打游戏里面，所以才浪费时间，才需要时间管理嘛。

对，光有"沉浸"两个字还不够，还得有两个字——"尊重"。沉浸在你尊重的事儿里面。比如读书、健身、向佩服的人请教。

只要你能说服自己沉浸在这些你自己尊重的事情里面，那不必给时间做什么约束，你已是最大限度地利用好了时间，这本身就已经是最好的时间管理。

你必须选择一些大事去做，因为你很难将你的一生奉献给小事。

回到古代，哪个专业最吃香

□吴 莉

学历史在商朝最吃香，学法律在古代可能连性命都保不住，学采矿在秦朝可以发大财，今天的大学生在古代可能命运迥异。

光荣的历史学家

历史系在大学里一向是可怜巴巴的冷门，可是在5000年前，学历史可是大有前途的。

资格最老的历史学家要数原始社会里的巫师了，因为他们除了祭祀占卜、驱邪避鬼之外，还负责保存部族传说和历史知识，他们几乎参与每一项重大活动，影响着社会生活的各个领域，实际上是充满神权色彩的王朝执政者。那个时代最著名的史官是黄帝助手仓颉，据说汉字就是他发明的。商朝的历史学家仍然如此，他们为商王的每一项活动进行占卜，以鬼神的名义指导他的行为，并且把结果刻在龟甲兽骨上。可以说，我们今天发掘出来的甲骨文残片，就是最早的史册。

可惜到了西周时期，人们不再崇信鬼神，历史学家们的地位便急剧降低。到春秋战国时期，更是跟档案管理员相差无几，不过他们还凭着一项优良传统维持着自己的尊严——秉笔直书，而且写过什么当朝皇帝不能看，皇帝们当然非常想有一个身后之美名，所以他们对史官也还比较客气。

到了唐朝，唐太宗厚着脸皮非要看看史官们给他写了点啥，看过之后提了不少修改意见。从此，历史学家们连最后一点儿尊严也维持不下去了。到了宋朝，他们中的很多人干脆投身娱乐界，到瓦肆里说书去了。北宋有名有姓的明星说书艺人近20人，南宋就增加到120多人，他们不计春夏，不分秋冬，从早至晚长年累月地在瓦肆中讲说史书，无论市民村夫，男女老幼，只要有兴趣，都能听讲秦汉鼎革、三国历史、五代史事。有时候这些民间历史学家还会被皇帝召进宫中讲史。

受重用的水利工程师

如果你是学水利工程专业的，那就恭喜了，因为不管在哪个朝代，你都会受到重用。

大禹是中国古代第一位成功的水利工程师。在治理洪水的过程中，许多原始部落逐渐联合起来，权力集中到禹的手中，禹死后，他的儿子启就顺理成章地建立起中国历史上第一个国家——夏。

春秋战国时期，在各个诸侯国主政的大夫们，最重要的工作之一就是兴修水利。楚国名相孙叔敖主持兴建了我国最早的蓄水灌溉工程——芍陂，魏国大夫西门豹在漳河上开凿了十二道水渠灌溉农田；吴国大夫伍子胥开凿了我国历史上第一条运河胥河。

秦汉以后的水利专家都被朝廷视为不可多得的人才。主持修建水利工程也是一条晋升的捷径。东汉水利专家王景就因为改造汴渠有功，连升三级；明代的潘季驯因为是治理黄河的水利专家，几次在党争中被罢官，又几次官复原职，甚至更上一层。

西汉的水利工程师多以钦差大臣身份主持大规模工程，叫河堤使者，后来的朝代也有类似的官职。清朝有八大总督，分管直隶、两江、两广等省军政大事，是最高级别的封疆大吏。另有两个总督不管辖任何省份，一个专管治理黄河，叫河道总督；一个专管运河，叫漕运总督。可见水利工程师被提到了多么高的地位。

> **不慌不忙　来日方长**　人生并不会给你折中回报，如果你的投入不冷不热，你的回报也将不冷不热，最好也不过如此。

最不重要的素质就是智商

□施一公

兴趣是可以培养的

我在清华大学提前一年毕业，当时我对学术没有兴趣。当时和清华大学科技批发总公司签订了一个代表公司去香港经商的就业合同，做公关。结果就业合同因故被撕毁。纠结一晚后，我决定出国。

后来，我下定决心走学术这条路，此后，主要精力都放在做学术上，我也告诉自己这种兴趣一定可以培养起来。现在我的兴趣极其浓厚，到现在可以废寝忘食、没日没夜地干。

所以，不要给自己找理由，不论家庭、个人生活、兴趣爱好等方面出现什么状况，你都应该全力以赴。

认识你自己

在我求学的过程当中，我一直是一个非常自卑的人。举个例子，高中的时候化学老师解释"勒夏特列原理"，我那时候开小差，没听懂。后来看书我竟然也看不懂，就崩溃了。我总觉得班上其他同学都比我聪明，而感到自卑。放眼你周围，当别人和你差不多聪明的时候，你会觉得别人比你聪明。所以当你觉得别人比你聪明的时候，他并不一定比你聪明，不要太自卑。

同时，我还有一个性格特点是好胜。我上初三的时候，班主任鼓励我报1500米。运动会前四天报名，报名的当天晚上一激动大腿抽筋了，比赛那天才恢复正常。发令枪一响我领先了整整100米，最后被倒数第二名落了整整300米。我的自尊心受到了打击。但我很好胜。第二天我就开始练跑步。后来教练让我入校队，代表清华大学参加比赛。很多情况下，你的个性决定了你的将来。我很自卑，但我又很好胜。

无论什么学科，物理、工程、生物、文科，我认为最不重要的是智商。我不信有任何一个成功的科学家没有极大的付出。清华大学1984—1986年生物系主任老蒲，在美国已是赫赫有名的终身讲席教授。他在美国开组会时教导学生：在我的学术生涯中，我最大的诀窍是工作刻苦，每周工作时间超过60小时。我知道你们不能像我一样刻苦，但我要求你们每周工作50小时以上，这意味着如果是8小时一天的话，你要工作6天以上。

你不要以为你早上8点去，晃晃悠悠地做点实验，晚上8点离开就可以了。他只计算你具体做实验的时间，以及你真正去查阅简单的和实验相关的文献的时间。

哪怕你的吃饭时间、查阅文献之后放松的一小时，都要去除。一周工作50小时是非常大的工作量。如果你能做到，你满足了我的要求，你可以在实验室待下去；如果你不能，就离开实验室。任何人不付出时间，一定不会成功。

建立批判思维

我的博士生导师在33岁已是正教授、系主任。有一天我们开组会，他看起来特别激动，说今天我给大家演示我的一个想法，希望大家帮我看看，有什么问题提出来。他开始写公式，满满一黑板的推演之后，我哆哆嗦嗦地举起手说有一处错误。我说完，所有同学都说我错了。其实，我发现导师在我说出第一句话时，他的脸就红了。导师说今天的组会到此为止。大家觉得我顶撞了老师，没人理我，中午我都一个人吃饭。

下午一点，导师找到我说，你本科是在哪个大学念的，我说清华大学。他说我不关心你来自哪个大学，我关心的是你学得非常好，老师一定是一位大家。

这段鼓起勇气，用自己所学纠正系主任兼实验室导师的学术错误的经历，在我的科研路上给予我无限自信，至今对我仍有很大影响。

> 不慌不忙
> 来日方长
>
> 所有的一鸣惊人，其实都是厚积薄发。

慎走捷径

□陈鲁民

人们通常很爱说一句话——"成功没有捷径",并已成为共识。但现实生活中总是有人喜欢走捷径,抄近路,走通捷径的自然也有,走不通的更多,常带有赌一把的性质。而古往今来那些成功人士大都是不主张走捷径的,而且他们确实是扎扎实实一步一个脚印往前走的。

司马懿本来是可以走捷径的,他的父亲司马防与曹操是旧相识,但司马懿不愿靠父亲的关系上位,就装病不应曹操的征召。他扑下身子从基层干起,在实战中历练,不断增长学识,增加才干,七年后终于靠真本事进入了曹操的决策圈,成了曹营的头号谋略家。

"凤雏"庞统受命去辅佐张飞,诸葛亮亲自给他写了推荐信,庞统却不愿走朋友举荐的捷径,就没拿出这封信。他靠过人的才华和非凡的办事能力,曾日断百案,无一不准,让张飞心服口服,推崇备至,并委以重任。

小仲马刚出道时,因为没有名气,被编辑部屡屡退稿。父亲大仲马说,你对他们说是我的儿子,发表作品就容易多了。小仲马拒绝了父亲的好意,还是认真地写作,耐心地积累,屡战屡败屡败屡战,终于以小说《茶花女》一炮打响,成了文坛一颗耀眼的新星。

达·芬奇刚学画时,有两条路可走,一是捷径,稍经训练就直接临摹前人作品,见效快,但肯定走不远;二是从基本功开始,见效慢,但可以行之久远。他选择了后一条路,就从画鸡蛋开始,一丝不苟地照着画,一画就是三年。他以此练习光影、渲染、素描、配色、留白与布局等技巧,不知不觉间,画力大增,水平猛涨,后来终于成了世界著名画家。

曾国藩是个有本事、有志向的人,可他也一向最反对走捷径。他的主张是"朴拙勤慎,埋首任事,不走捷径,不求虚名"。从幼年发蒙到科举考试，从京官理政到湘乡起兵，他都是用老老实实的笨办法，"扎硬寨，打死仗"，最后成了封疆大吏，晚清三杰之一。

1897年，亨利·贝克勒尔发表铀具有放射性的报告，为了找到这种神秘的放射性元素，科学家们想了很多捷径，但都未成功。居里夫妇用了个笨办法，在四年时间里，坚持不懈地用一口大铁锅进行提炼，终于从几十吨沥青铀矿石中提炼出十分之一克纯镭盐，并测定了镭的原子量。他们因此获得了诺贝尔化学奖。

著名作家二月河在回答记者关于"成功的捷径"时说："我没什么捷径，我写小说基本上是个力气活，不信你试试。"用他的话来说，"一天写上十几个小时，一写20年，怎么着也得弄点东西出来"。他的实践再次印证了马克思那句名言："在科学的道路上没有平坦的大道可走，只有不畏艰险勇于攀登的人，才有可能到达光辉的顶点。"

平心而论，世上确有终南捷径，若能走对走好，确能省时省力，收到事半功倍之效。但一是捷径很少，很不容易找到，要凭运气；二是捷径很窄，想走捷径的人又太多，熙熙攘攘，人山人海，挤得水泄不通，实际上也快不到哪里去；三是捷径有风险，迷惑性很强，假象很骗人，搞不好就会误入歧途，满盘皆输。所以，越是有大智慧的人，越反对走捷径，越是埋头苦干，兢兢业业，胼手胝足，宵衣旰食，稳步走向自己事业的高峰，收获成功的喜悦。

不慌不忙 来日方长　我还是相信星星会说话，石头会开花，穿过夏天的木栅栏和冬天的风雪之后，你终将抵达。

做事分等级，先抓牛鼻子

□李　原

一天，动物园管理员发现袋鼠从笼子里跑出来了，于是开会讨论，大家一致认为是笼子的高度过低。所以他们将笼子由原来的10米加高到30米。第二天，袋鼠又跑到外面来，他们便将笼子的高度加到50米。这时，隔壁的长颈鹿问笼子里的袋鼠："他们会不会继续加高你们的笼子？"袋鼠答道："很难说。如果他们再忘记关门的话！"

事有"本末""轻重""缓急"，关门是本，加高笼子是末，舍本而逐末，当然不见成效了。与之类似，我们常常会看到这样的现象，一个人忙得团团转，可是当你问他忙些什么时，他却说不出所以然来，只说自己忙死了。这样的人，就是做事没有条理性，一会儿做这一会儿做那，结果没一件事情能做好，不仅浪费时间与精力，更没见什么成效。

其实，无论在哪个行业，做哪些事情，要见成效，做事过程的安排与进行次序非常关键。

有一次，苏格拉底给学生们上课。他在桌子上放了一个装水的罐子，然后从桌子下面拿出一些正好可以从罐口放进罐子里的鹅卵石。当着学生的面，他把石块全部放到了罐子里。

接着，苏格拉底向全体同学问道："你们说这个罐子是满的吗？"

学生们异口同声地回答说："是的。"

苏格拉底又从桌子下面拿出一袋碎石子，把碎石子从罐口倒进去，然后问学生："你们说，这罐子现在是满的吗？"

这次，所有学生都不作声了。

过了一会儿，班上有一位学生低声回答说："也许没满。"

苏格拉底会心一笑，又从桌下拿出一袋沙子，慢慢地倒进罐子里。倒完后，再问班上的学生："现在再告诉我，这个罐子是满的吗？"

"是的！"全班同学很有信心地回答说。

不料，苏格拉底又从桌子旁边拿出一大瓶水，把水倒进看起来已经被鹅卵石、小碎石、沙子填满的罐子里。然后他又问："同学们，你们从我做的这个实验中得到了什么启示？"

话音刚落，一位向来以聪明著称的学生抢答道："我明白，无论我们的工作多忙，行程排得多满，如果要逼一下的话，还是可以多做些事的。"

苏格拉底微微笑了笑，说："你的答案并不错，但我还要告诉你们另一个重要经验，而且这个经验比你说的可能还重要，它就是：如果你不先将大的鹅卵石放进罐子里去，你也许以后永远没机会再把它们放进去了。"

通过这个故事，我们发现，做事前的规划非常重要。在行动之前，一定要懂得思考，把问题和工作按照性质、情况等分成不同等级，然后巧妙地安排完成和解决的顺序。这样才能收到事半功倍的成效。

这就是艾森豪威尔法则的明智之处。它告诉我们，做事前需要科学地安排，要事第一，先抓住牛鼻子，然后依照轻重缓急逐步执行，一串串、一层层地把所有的事情拎起来，条理清晰，成效才能显著，不要眉毛胡子一把抓。再如最前面动物园的例子，凡事都有本与末、轻与重的区别，千万不能做本末倒置、轻重颠倒的事情。

不慌不忙 来日方长　尽情玩耍，尽情学习，尽情长大。在需要的时候释放善意，在必要的时候展现强硬。

如何面对别人的误解

□佚 名

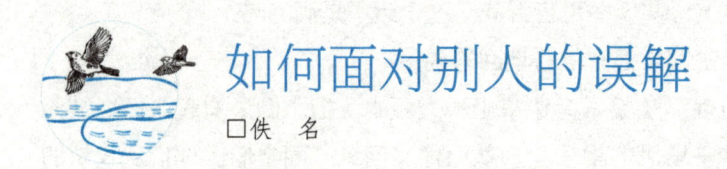

马东说：被误解是表达者的宿命。面对这种"宿命"，我们该怎么办呢？这是一个有趣的话题。不仅因为每个人都或多或少被误解过，以及正在被误解，还因为，每个人也都或多或少误解过，并正在误解别人。

如果你认为自己从来没有误解过别人，那恐怕是对自己最大的误解。

被人误解，无疑是一种不愉快的经历，大多数人的第一反应，是去澄清误解，去解释，纠正。毕竟，误解可能会让你和别人的关系变糟。但我想说的是：对待误解，最好的方式是顺其自然。

可能你会觉得这很荒唐，我知道，我们都有一种强烈的冲动，要证明自己的正确性，证明自己的清白无辜，要让所有人都正确看待自己。我们讨厌被人用"误解"的有色眼镜对待，但是我希望你能用几分钟来听听我的理由。

首先，"被误解"是谁的事？大部分人的第一反应是：误解侵犯到了我，当然是我的事，当然我有义务，有责任去澄清误解。但是我要说：误解不是被误解者的事，而是产生误解的那一方的事。也就是说，是搞错的人的事。

设想一下，一个男生爱上了一个女生，他以为她很美好，以为她会喜欢他，以为她很适合自己，于是他坠入爱河，每天幻想如何对她表白，如何等她下班，他付出了许多爱心，经过好几个月，他终于表白了，然而对方告诉他，她并不想接受他。这时候男生一定非常伤心，非常难过，他可能会责怪对方，恨她没有回报他的爱意，但在我看来，这一切是因为男生误解了女生。她从头就对他没有兴趣，所以女生没有义务为男生的单相思负责，是他自己误解了。所以，并不应让女生去解释"我为什么不喜欢你"，而是让男生承认"我误以为你喜欢我"更能平复男生的情绪。

所以被误解是误解者的事，如果你的行为并没有刻意去引导误解，那你是没有必要为之负责的。

其次，就算你想去解决，这也很可能是你能力范围以外的。

遇到误解，我们的第一反应是去纠正别人，可能你会觉得纠正别人是一个最简单的办法，但是根据我的经验，纠正别人是一件最难的事情。

举例来说吧，我有两个朋友，他们之间有一些芥蒂，我听了双方的说辞之后，觉得我应该帮他们两个消除误解，于是我分别对两方都澄清了误解，然后再把两人拉到一起碰个头。结果是令我泄气的——在见面之后，两人的关系几乎没有进展，只是表面上和气，背地里又变成另一种表达方式，继续他们彼此的误解。

这件事让我意识到："消除误解"的作用力很可能会产生"加强误解"的反作用力。这是由于人的思维是很固执的存在，它的基本设定是"我是对的"，为了维护自己的正当性，思维会找出种种理由来强化它原有的认知。换句话说：人没有那么容易认错。

当你心怀善意，觉得你可以去纠正误解的时候，往往也是你搞错了。因为别人并没有准备要接受你的批评。如果我们不再纠结于去纠正别人，那么我们可以做的事情就很简单了：如何最低限度不受到误解的影响？

第一，心情通畅。理解"误解不是我的事，我没有义务去解决"。

第二，行为通畅。远离是非，避免和误解你的人发生争执、冲突、矛盾。实在避不开的时候，保持礼貌对待。你或许会问：逃避是一种正面的态度吗？我会说：是。许多关系之所以会变得很糟糕，恰恰是因为人不知道如何保持距离，越是挣扎，越是被套牢，就像网中之鱼。当你适时地学会避开矛盾，不再和家人朋友发生正面冲突，你们之间的心结才有松开的可能。

听上去，我似乎是要你做一个无情的人。但我想说的其实是：消除误解最好的方式是"顺其自然"，并不是什么都不做，你可以适当解释，也可以做一些努力，但不要要求别人认错，最重要的是让自己理清思路，保持心情不受影响。那个误解你的人，你要允许他的误解，你也要给他时间去发现自己的错误，在此期间，心情愉快地做你自己就好。

不慌不忙 来日方长　一切都在掌控之中，问题不大，放轻松。

君子豹面

□华 姿

终于看到了豹子。在一片茂密的树叶下，这只豹子正趴在一根树干上睡午觉。它侧着头，把左前肢蜷在颈下，把右前肢和两只后肢都挂在树干上。尾巴也是挂着的，像一根藤蔓。

虽然相机的咔嚓之声此起彼伏，但它根本就不在意。有一会儿，它似乎觉察到了，微微睁开眼睛，朝着咔嚓声起伏的方向，漫不经心地看了一眼，而后就转过头继续睡。睡眠中的这只豹子，安静、柔软，宛若一只慵懒可爱的猫咪。怎么看也不像威名赫赫的猛兽，更看不出什么王者的威严和力量。

但是，日落之后，开始活动的豹子就是另一副模样了。在月光下捕猎的豹子是无可挑剔的，它不只是一个老练的猎手，还是一个魅力四射的猎手。它目光犀利，步伐矫健；它皮毛美丽，气质高贵；它奔跑起来犹如闪电；它还会游泳，还会爬树；它不单胆大，而且机警，还特别善于隐藏自己。

不仅如此，它还具有一种可贵的美德：节制。

有一首古诗就写道："饿狼食不足，饿豹食有余。"意思是说，一只豹子不管捕到了多么丰美的猎物，也不管多么饥饿，它都不会像狼那样，大快朵颐，吃完了事。它决不允许自己因为贪吃而影响身材的健美和奔跑的速度。

但豹子并不是生来就是这样的。恰恰相反，豹子在小的时候是很丑的，既没有美丽的皮毛，也没有高贵的气质。但长大之后，豹子发生了惊人的改变。只是，这个改变并不是一天发生的，也不是一个月发生的，而是在整个成长过程中，一点一滴、不知不觉地发生的。

所以《易经》中说："君子豹面。"意思是，一个君子——一个德行高尚的人，是一天一天地、一点一点地炼成的，是在不知不觉中炼成的，就像豹子从烂泥蜕变为完美的猎手一样。

长大是"想到"和"得到"中间的那个"做到"。

第二辑

成长最快的方式，
就是与优秀的人同行

典故里的"带货达人"

□项 伟

"带货"特指明星、"网红"、社会知名人士等通过网络媒体对某一商品进行推销，继而引发大范围流行、抢购的现象和行为。不过，"带货"可不是现代人的发明，古人早就在玩了，随便翻翻那些藏在史书里的典故，就能发现不少有温度的"带货达人"。他们不仅有着高超的"带货"技能，其目的也远比现代人的单纯得多。

"带货达人"左思

"洛阳纸贵"既是一个成语，也是一则典故，最早出自《晋书·左思传》。晋代的左思写成《三都赋》之后，因被人竞相传诵、抄写，导致洛阳当地的纸张脱销，价格暴涨。表面上看，这是一则富有文化气息的历史典故，实则背后藏着一个"带货"的小故事。

出身于儒学世家的左思，从小就勤奋好学，曾耗时十年构思《三都赋》。可是这一被后人奉为经典的名篇，在刚写成时并无人问津。原因很简单，左思在当时既无名气，也无人脉，加上口齿笨拙、不善于推销自己，自然没人关注他。

一个偶然的机会，他认识了皇甫谧，一位在文艺界威望极高的学者，从此左思命运的齿轮开始转动。皇甫谧读了《三都赋》之后，大为赞赏，亲自为它作序，还向朋友和同人大力推荐。在他的力推之下，更多的人知道了《三都赋》，当时著名的文学家张载、刘逵等人都先后为它作序或注释。就这样，在名人的"带货效应"及优秀的"宣传文案"（序）的帮助下，《三都赋》的名气越来越大，引得豪贵人家、文人骚客等竞相传写，以至于一度让洛阳的纸张都供不应求，价格居高不下。只是让皇甫谧等大咖没想到的是，他们带的"货"原本是《三都赋》，结果却连带着让洛阳的纸张也大火了一把，让卖纸的市井百姓也一并得了不少的实惠，这倒真是无心插柳之举了。

苏东坡的"带货"能力

《东坡诗话》里记录了一则"卖扇还债"的典故，充分体现了大宋"顶流"苏东坡的"带货"能力。话说东坡先生在杭州做官的时候，断过一桩官司。一个卖绢扇的商人，因无力偿还拖欠绢商的两万文钱，被告到了衙门，这事正好让苏东坡碰到了。东坡问："为何不还债？"扇商哭丧着脸说："不是不还，由于家中老父亲去世，办丧事花光了积蓄，此时还钱实在是有心无力。"东坡又问："还有扇子吗？"扇商回答还有二十把。东坡笑道："你只管把扇子拿来，明天过来取钱就是了。"扇商将信将疑地取了扇子交给东坡。当晚，东坡就着烛光，将这二十把扇子全部题上了自己作的诗词，还画上了枯木竹石。第二天一早，他将扇商与债主叫了过来，对商人说："我为你还债的事，忙了大半夜，你现在就可以拿着这些扇子到街上叫卖。记住，一千文一把，不能多也不能少，卖扇所得的钱，应该正好够你还债。"

两个人嘴上道谢，心里却在犯嘀咕——这事能成？谁知道刚走出府门，闻讯赶来的市民就将这些题有苏轼诗画作品的扇子抢购一空，那些晚来一步的人只能捶胸顿足，叹息不已——此事在当时的杭城被传为美谈。这件小事虽说是苏东坡一时兴起便随手为之，却也从侧面证明了东坡先生的"带货"能力和号召力。

细看这些藏在典故里的"带货达人"，会发现他们有一个共同点：不管是为了提携后进，还是帮人纾困解难，其本质上都是在助人为乐。虽然这些"带货"的小事，对他们来说可能只是举手之劳，并不想标榜什么，但人们会深深记得。

> 眼盛星河
> 心向远方
>
> 矛盾是智慧的代价，这是人生对于人生观开的玩笑。

《红楼梦》里最聪明的人

□季羡林

我喜欢《红楼梦》，年轻时曾读过多遍。但我不是红学家。我站在红坛下，翘首仰望，只见坛上刀光剑影，论争极为激烈。我登坛无意，参战乏力。不揣谫陋，弄一点小玩意儿，为坛上战士助兴。

我想谈一谈刘姥姥。

在《红楼梦》中，刘姥姥只是一个顺便提到的人物。作者对她着墨不多，却活脱脱刻画出一个精通世故的农村老太婆形象。

在第三十九回，写到刘姥姥来到了荣国府，送来了农村产的瓜果野菜，本来想当天就回去的。但是她时来运转，得到了贾母的欢心，于是就留下多住了一些天。

荣国府中，大观园内，那一群以贾母为首的老太太、太太、小姐、公子，甚至那一些上得台盘的大丫头，天天锦衣玉食，养尊处优，除了间或饮宴赋诗之外，互相也产生一些小矛盾，耍些小心眼，总而言之，生活是十分单调、呆板、寂寞、无聊。

这样的生活环境，他们自己是无法改变的。现在忽然从天上掉下来一个乡下老婆子。鸳鸯首先打上了刘姥姥的主意，她笑着说："天天咱们说，外头老爷们，饮酒吃饭，都有个凑趣儿的。咱们今儿也得了个女清客了。"她是想捉弄一下刘姥姥，逗逗乐儿，让大家开开心。

在《红楼梦》里，凡是干坏事儿，几乎都有凤姐儿一份。这一次，她又同鸳鸯"勾结"，"狼狈为奸"。她们先拿给刘姥姥一双老年四楞象牙镶金的筷子，沉甸甸的，让她夹不起菜。事前又告诉她，要说些什么话。

贾母一说："请！"刘姥姥便站起身来，高声说道："老刘！老刘！食量大如牛。吃个老母猪不抬头！"说完，鼓着腮帮子，两眼直视，一声不语。"上上下下都一齐哈哈大笑起来"。下面就是那一个有名的一个鸽子蛋值一两银子的故事，限于篇幅，我不再引了。

总之，刘姥姥这一次客串清客，获得了异常大的成功。大观园中这一群老太太、太太、小姐、公子，看到了在凤姐导演下的刘姥姥的表演，笑得前仰后合。对他们来说，这是极难得的机遇。刘姥姥则乘机饱餐一顿，真可谓皆大欢喜。

刘姥姥对自己表演的这个角色明白不明白呢？她完全明白。

她对鸳鸯说："姑娘说哪里的话？咱们哄着老太太开个心儿，有什么恼的。你先嘱咐我，我就明白了，不过大家取笑儿。我要恼，我就不说了。"

不但刘姥姥心里明白，连作者也是清楚的。在第三十九回，作者写道："刘姥姥虽是个村野人，却生来的有些见识，况且年纪老了，世情上经历过的，见头一件贾母高兴，第二件这些哥儿姐儿都爱听，便没话也编出些话来讲。"

我的印象是，荣国府里这些皇亲国戚，本来是想让刘姥姥出出丑，供他们喜乐。然而结果是，表面上刘姥姥处处被动，实际上却处处主动，把这一群贵族玩弄于股掌之上。

我的结论是，刘姥姥是《红楼梦》中最聪明的人。贾家破败时，抚养凤姐儿遗孤的就是刘姥姥。可见她又是一个忠厚诚恳的人。

> 眼盛星河
> 心向远方
>
> 榜样比所有书籍更有用处。他们亲眼看到你的行为，将比我们所说的一切空话更能触动他们的心。

如果让你画托尔斯泰

□蒯乐昊

在许多人心目中，列夫·托尔斯泰是身材伟岸的长者模样。当列宾1880年第一次在莫斯科的大喇叭胡同见到托尔斯泰时，他吃了一惊，意识到自己被过往见到的图片和肖像画欺骗了——眼前的托尔斯泰像一个怪人，个子矮壮，却长了一颗硕大的头！蓄一脸灰色美髯，穿长长的黑色常礼服。

精于绘画的列宾很快就意识到，正是这颗巨大的头颅，让托尔斯泰在肖像画中显得高大魁梧——人们会按照惯常的头身比，来判定他的身高。列宾也把同样的视错觉玩了下去，他笔下的托尔斯泰，依然给人以高大、威猛的印象，加上托尔斯泰脸上深邃的、苦修士般的表情，烘托出一种道德上的崇高感。

热衷犁田的伯爵大人

在列宾和托尔斯泰刚认识的时候，托尔斯泰已经52岁，而列宾才36岁。列宾看待托尔斯泰是仰视的，他曾经说："所有托尔斯泰说过的话，都应该用金子刻下来。"

在与托尔斯泰相识数年之后，列宾才得到了为他作画的机会。1887年，当列宾来到托尔斯泰所在的波良纳庄园，他看到的托尔斯泰已经完全平民化了：这位伯爵不穿礼服，穿着家制的黑色短衫和长裤，布料粗糙破旧，头上戴一顶磨损得相当厉害的白色便帽，光脚跋着拖鞋。但列宾觉得他的容貌比之前更令人肃然起敬。

列宾贡献了一个世人从未见过的、文豪之外的托尔斯泰形象：一个熟练地使用铧刀和套索、驱赶驽马帮寡妇犁田的农民。干农活是托尔斯泰最好的娱乐和放松方式——据说每次他干完农活回到餐桌边时，满腿的烂泥和身上的马粪味都让全家人暗暗叫苦。

贴身的陪伴让列宾得以画出田野劳作中的托尔斯泰、在书房里写作的托尔斯泰、参与人口普查的托尔斯泰、跟穷人在一起的托尔斯泰……尤为珍贵的是，托尔斯泰通常不让任何人看到他在林中独自祈祷，但列宾捕捉到了这一刻。

托尔斯泰允许列宾陪他步行两公里去洗澡，浴池在十分冷冽的小河里。一走出庭院，托尔斯泰就会脱下自制的旧拖鞋，光着脚走得飞快，小径上的树枝和碎石根本奈何不了他那双布满老茧的脚，列宾得紧赶慢赶才能追上他的脚步。两公里的急行军下来，等到了河边，他们已经满头大汗。列宾建议先坐一刻钟落落汗，而托尔斯泰早已迅速脱完衣服跳入小河。

列宾还没落完汗，托尔斯泰已经洗完澡穿上衣服，拎起篮子采蘑菇去了。他消失在林中的背影给列宾留下了极不平凡的印象："既像树林里拎着篮子的流浪汉，又有军人的气概。"

每次在树林中，托尔斯泰都要求一个人待一会儿，他会在密林深处独自站着祈祷。列宾鼓起勇气，提出是否可以躲在灌木丛后对他进行写生，托尔斯泰答道："啊，这没有什么不道德的地方。画吧，只要你觉得有必要。"

他画出了死后的托尔斯泰

在向世人推广托尔斯泰的形象上，列宾功不可没，正是因为他，托尔斯泰的容貌出现在俄罗斯的众多日用品上，成为举世皆知的偶像：日历、封面、版画，乃至巧克力糖纸……有意思的是，列宾在回忆录中多次写到托尔斯泰的笑容多么有感染力，当他策马狂奔的时候又是多么意气风发。但在他的笔下，托尔斯泰没有一幅画像是带有笑容的，永远是一副严肃的、凝视的、深邃的神情，似乎这才是符合托尔斯泰精神的面相。

托尔斯泰死后，列宾画了《生命彼岸的托尔斯泰》。托尔斯泰站在粉红色的辉光里，垂手而立，似乎已向"神"和世人坦承所有，"天堂"之光映照着他的脸庞，一张非人间的脸，垂暮的，然而又是新生的。没有证据表明托尔斯泰生前为这幅画摆过造型，斯人已逝，写实主义巨匠列宾失去了他的模特，但最终他画出了托尔斯泰灵魂的模样。

成长，就是不放过任何令自己变得更好的机会。

像狐狸一样思考

□[美]彼得·沙洛维 译/佚 名

狐狸知道很多事情，而刺猬只知道一桩大事。当受到威胁时，狐狸会随机应变，想出一个聪明的办法来应对。然而，刺猬总是用同一种方法来应对所有的威胁：把自己蜷缩成一个球。这两种动物，一个聪明狡猾、灵活善变，另一个恪守规则，却不懂变通。

在学习的过程中，你们会接触到一些伟大的思想，堪称很好的人生哲学，也会了解并且师从一些"伟大的刺猬"与"伟大的狐狸"。但是在这个阶段，我想鼓励大家多效仿狐狸。你可能会对某一种思想或世界观产生强烈的共鸣，但是我建议你们，多学习不同的思想，多考虑不同的观点。尽量都去尝试一下，最后再决定什么是最适合自己的。人文教育之美在于将你从狭隘的、以职业为导向的学习计划中解放出来。我希望你们能够好好利用并享受这种思想自由。

我们的周围充满"狐狸"，他们塑造了我们的生活和世界。我相信，在变成狐狸的过程中你们将收获巨大的幸福和成就。

成长更多地关乎勇气而非知识：世界上所有的知识都无法代替你运用自己的判断力的勇气。

天才的眼睛

□明前茶

世间最天才的眼睛，不仅可以看到过去，更可以洞悉未来。

克劳德·莫奈就有一双这样的眼睛。

今天，在巴黎圣拉查尔火车站候车室的走廊上，依旧装饰着莫奈1877年多幅神作的复制品。如果你凑近观瞧会大吃一惊：莫奈画的就是身边这个老火车站！画面上，徐徐驶入车站的蒸汽机火车头喷出了浓浓烟雾，看上去如同猛兽可怕的鼻息。这幅画的画风，实在与140多年前巴黎人孱弱、纤细的审美有着巨大的反差。

为了能画出火车进站的逼真场面，莫奈就换上他最华丽的衣服，挽起他著名的花边袖子，不经意地露出他闪闪发光的金纽扣。他递给圣拉查尔火车站站长一张名片："我是画家克劳德·莫奈！"

站长被他的气派所震慑，竟然不敢提自己根本不认识他，于是莫奈恩赐般地宣布自己的决定："我本来一直在犹豫，究竟要画你们车站呢，还是北车站。但我最后觉得，还是你们车站更有气质。"

站长受宠若惊，他为莫奈创造了令人瞠目的便利：停下几列火车，清出场子，让成为主角的那列火车塞满煤炭，以制造出巨兽喷鼻式的烟雾。

他描绘工业时代的蒸汽机火车头，逼真地呈现出玻璃穹顶下阳光与烟雾混合的迷离效果。他至少画了七幅作品，来表现圣拉查尔火车站那粗犷强悍的美。那喷涌的烟雾、机车的轰鸣，似乎有一头巨兽呼啸而过，吞噬了当时洋溢在画坛上的软绵绵、光洁无瑕的画风。莫奈以其洞悉未来的眼睛，看到了工业文明泥沙俱下的力量，裹挟大众并改变未来的力量。将来，巴黎人的卓越见识，将由这些肮脏丑陋的火车头带动。莫奈对好友雷诺阿这样预言。事实证明他有一双超越偏见的眼睛，他说得没错。

当我画一个人，我就要画出他滔滔的一生。

杨绛回应翻译"歪风"

□宋春丹

1992年或1993年的一天,一位出版社的编辑突然来到董燕生家,说是想请他重译《堂吉诃德》。

董燕生很吃惊。他一直视教学为主业,翻译只是客串,偶尔为之,何况,《堂吉诃德》已有杨绛等名家的译本在先。他请求出版社给自己一个月的时间考虑考虑。

他对照原文,仔细研究了当时最权威的杨绛译本,发现其中存在一些不足。比如,把"法老"译成"法拉欧内",把"亚述"译成"阿西利亚",把"迦太基"译成"卡塔戈"……这容易误导读者,因为这些固定译名早就进入了汉语辞书和中小学课本。

董燕生决定接下这项工作。那时有人认为,杨绛翻译的东西别人不需要再翻译了,但董燕生觉得,中国人习惯为尊者讳,这种行为非常妨碍进步。

他翻译的版本是17世纪的原始西班牙版本。词语华丽,经常一连串出现十几个同义词或近义词。他在翻译中严谨地保留了塞万提斯的这种文风,也会随他的风格"搞一些谐音之类的噱头"。

1995年,董燕生翻译的《堂吉诃德》出版,被认为是最杰出的中文译本之一,获得了中国翻译界的最高奖项——"鲁迅文学奖之文学翻译奖"。

2005年,《堂吉诃德》问世400周年,关于译本之争再起。

董燕生在接受媒体采访时称,他的译本是83.9万字,而杨绛的版本只有72万字,整整少了一部中篇小说的篇幅。他认为,全译本必须忠于原文,一字不差地把意思表达出来,全面准确地反映原著"说了什么,怎么说的,为什么这样说"。

书中桑丘描述堂吉诃德喜欢的女人时,杨绛的译本是:"我可以告诉您，她会掷铁棒，比村子里最壮的大汉还来得。天哪，她多结实啊，身子粗粗壮壮的，胸口还长着毛呢！"

董燕生的译本则是："告诉您说吧，玩起扔铁棒来，她敢跟村上最壮的小伙子比试比试。真是个难得的姑娘，堂堂正正，有股丈夫气。"董燕生说，"胸口长毛"是一句俚语，形容女人有男子气概，杨绛的译法会让人误解为这个女人真的毛发很重。

董燕生说，认为杨绛译本就是最好的版本完全是个误解，因为她太自信，该查字典的地方没有去查字典。他还说："我现在是拿它当翻译课的反面教材，避免学生再犯这种错误。"

翻译界一片哗然，有人指责董燕生的攻击性语言是"译坛歪风"，对此，杨绛本人坦然做出了回应。对于删减的问题，她说，她是用了"点烦"翻译法，删繁就简。起初她也译有80多万字，后经"点烦"减到70多万字，文字明净多了，但原意丝毫没衰减。她认为搞翻译既要为原作者服务，又要为读者服务，"点烦"后读者阅读起来会更省力。

至于董燕生说她"该查字典的地方没有去查字典"，她说，自己当时仅有一本1966年出版的《简明西汉词典》，全书只有375页。那时还没有统一的人名、地名译法，译者只能自己音译。关于"胸上长毛"，杨绛说自己采取了直译，如果专家们都认为直译不妥，她愿意尊重专家的意见酌改。其实对"胸上长毛"的译法，西语专家陈众议就赞为"生动地移植了桑丘对堂吉诃德意中人的不屑，可谓一个妙笔"，这是见仁见智的事情。

这场争论在杨绛的大度回应中落下帷幕。她说："董燕生先生对我的批评，完全正确，说不上'歪风'。世间许多争端，往往出于误会。董先生可以做我的老师，可惜我生得太早，已成了他的'前辈'。他不畏前辈权威，勇于指出错误，恰恰是译界的正风，不是歪风。"

希君生羽翼，一化北溟鱼。

只登一步

□张 希

《传习录》中记载了这样一个小故事。王阳明和众弟子去登山。山势较高,有一半弟子一开始就放弃了。王阳明健步如飞首先登顶,登上山顶的弟子个个筋疲力尽,先生却表情轻松,还赋诗助兴。弟子们不解,问先生为何不感觉累。王阳明回答:"山高万仞,只登一步。"

"山高万仞,只登一步。"人生在世难免遇到困难。登山就好比做困难的事,之所以很多人半途而废,就是因为在他们的眼中山太高了,超过了他们心里认为自己能达到的高度;而只登一步的阳明先生,只注重脚下,反而能从容登顶。

毋庸置疑,焦虑已成为困扰现代人最大的顽疾之一。而想得太多、想得太远是导致焦虑的主要原因之一。很多人思虑过度的结果,不是踌躇满志、阔步前行,而是瞻前顾后、不敢迈步。

其实,阳明先生在数百年前就已经清楚地告诉我们消除焦虑的最好办法,那就是两个字——去做!不杞人忧天,不做无谓的担心,只需脚踏实地,专注当下,从现在做起,一步一步才能登上人生的万仞高峰。

此刻结局不如意,不代表努力无意义。只是命运偏爱跌宕的剧情,把那颗嘉奖的糖偷偷藏久了些。

勇者败

□[巴西]保罗·柯艾略 译/夏殷棕

失败乃勇者专有,只有勇者才深悉败之荣耀、胜之欢欣。

失败亦是人生不可或缺的部分。只有失败者才知真爱,在爱的领域,我们首战往往必败。

但有人无往而不胜。

无往而不胜者往往是那些永不言战的懦夫。

他们总是设法避免流血,离开可能遭受羞辱的环境,逃离纷争。

这样的人常常自豪地宣称:"我从不失败。"但是,很可惜,他们永远不敢说:"我,百战不殆。"

当然,他们对此毫不在意,他们以为自己生活在一个无懈可击的世界,对苦难和不公视而不见。他们根本不会像那些敢于创新、敢于冒险的人那样,因为他们不用面对困境,便安然自若。

当勇者投身另一场战斗,先前的失败便自然告终。

未知和无知并不是愚昧,真正的愚昧是对未知和无知的否认。

用100天追回1095天

□ 周筱谷

1

中考时，他以全班第一、年级第七的好成绩考入了全省最好的高中，成为左邻右舍口中"别人家的孩子"。

可谁能相信，100天前他的成绩排名还只是年级600多名？

当赵老师把中考倒计时的牌子挂到教室正前方墙上的时候，他忽然遭到雷击似的，瞬间定在了那里。离中考还剩100天！他低下头，三年，1095天啊，就这么被他任性地挥霍掉了？

不行，我要翻身！他一拳头击在课桌上，惊动了周围正埋头学习的同学。没空理会同学们的眼光，他提笔给自己制定了目标：下次月考先达到年级前300，然后前200、前100，最后的摸底考试必须挤进班级前20名！他接着着手制订了一个学习计划，可看来看去还是不满意，于是想找个人参谋参谋。他抬头环视了一眼教室，同学们都埋首在自己的书本中。

还是去找老师吧！自习课一结束，他就带着自己制作的目标进度图和学习计划，来到了办公室门口，老师们正巧都在。他正在门口踌躇着，班主任赵老师一眼看到了他，他也就硬着头皮走了进去。听了他的"雄心壮志"，老师们脸上的表情不一，有赞赏的，有惊讶的，也有不屑的。数学老师说道："你只要把题做完，成绩肯定能提上来，不过成绩好的同学可不是在上课睡着觉时做完题的。"历史老师甚至和他打起了赌："如果你这次月考能按你说的考到85分，我就每周花一个晚上专门给你开小灶！"

知道自己以前的表现太让老师们失望，他自动过滤掉老师们的各种情绪，把他们所有的建议都提炼了出来，重新制订了学习计划。开始的几天，计划执行起来难度非常大，但他还是坚持把计划表上当天所有的任务做完，才上床休息。

因为课堂是往常他和周公"约会"的最佳场所，于是他特地为自己准备了一瓶风油精，作为与周公"断绝来往"的杀手锏。另外他还感觉到自己在课堂上的效率太低，得想个方法来提高。这天在校园里，他正低头想着事情，一个人差点跟他撞个满怀。他抬头看了看，原来是个戴着耳机哼着歌的女孩。他忽然想到，唱歌学得快，不就是因为边听边跟着唱这种主动记忆吗？有了！

2

再上课的时候，他试着一边听课一边复述老师讲的内容，很快就收到了效果。为了巩固记忆，他在晚上吃饭时请母亲配合，把当天学的课程一一讲给母亲听，卡住的地方就做好记录，饭后立刻查阅补足。没想到这招还真管用，他真正做到了当天的知识当天吸收。

然而一个人的习惯还是有顽固性的，有人晚上来找他玩，他立刻扔下手中的笔站了起来，转身时看到了书桌上的计划表，就觉得黑板上倒计时的牌子正无声地盯着他，于是重新坐回到桌前。

终于迎来了第一次月考，结果却让他大失所望：他只考了年级400名，且每科成绩没有一个让他扬眉吐气的。难道我真像他们说的是痴心妄想？他顿时蔫了。

好在赵老师及时找到了他："你以为只有你在拼命，其他同学都在浪费时间？进步200名不容易啊，这说明你的方法是正确的，别在乎一两次的得失，要知道罗马不是一天建成的。"赵老师的话让他豁然开朗，他不再纠结于名次，只是按照计划继续努力。第二次月考他考进年级前200名，第三次月考竟一跃成为班级第三名。

两次考试轰动了全校，师生们纷纷对他刮目相看。凭借努力，他终以100天的时间追回了被他浪费了的1095天。

眼盛星河 心向远方　一身转战三千里，一剑曾当百万师。

追求开心也是有风险的

□思小妞

人们常说："做人最要紧的是开心！"说好要学习两小时，结果瘫在床上刷剧才会让自己开心；说好每天跑步健身，结果烤串下肚才会让自己开心。毕竟生活艰难，干吗要让自己不开心？但一直追求开心，也许会让自己"死得很惨"。

2015年，中国心理学会发表了一篇论文《追求积极情绪可能导致消极后果及其机制探讨》，文中指出，我们追求快乐，结果可能非但没体验到幸福的感觉，反而招来满满的焦虑、低落、疲惫等消极情绪，心理学中把这种现象叫作"追求积极情绪的悖论"。

例如穷游这件事，大神们各种夸好，自由、磨炼意志、洗涤灵魂，以及带给你满满的成就感，于是你就出发了。但在旅途中，你可能发现风景并没有想象中那么好，还要时刻关注自己的感受，有没有体验到意志的磨炼、灵魂的清澈和捞到便宜后的满足感，你在"监控获得快乐的过程"，却恰恰丢失了"沉浸体验"带来的乐趣。想要高强度地追求快乐，不免会设置过高的标准，结果期望越大，失望越大。

比如，我在文章开头提到的那些举动，吃的时候很快乐，毁身材的时候只有快没有乐；类似的还有通宵K歌、通宵玩游戏，一开始都是快乐的事，结局却让我们"劳命伤财"；以及最近流行的杠精们，怼天怼地很开心，然后就被大家拉黑了。

这像极了尼尔·波兹曼在《娱乐至死》一书中说的："毁掉我们的不是我们所憎恨的东西，而恰恰是我们所热爱的东西。"

更要命的是，大部分时候快乐真的太舒服了，所以我们甘愿窝在"舒适区"。也许，我们败就败在做了太多让自己开心的事。与其追求开心，不如让自己变得更优秀。不要迷恋"开心"的快感，要做长期投资。

每天读一小时书，坚持了5天，发朋友圈收获点赞可以获得快感，把读书这件事养成每天的习惯是长期投资；报了一门线上课程，完成后获得了证书可以获得快感，把学习这件事变成终身学习是长期投资；跑了一次马拉松，合照留念可以获得快感，像村上春树那样坚持跑步50年从而养成了坚韧的品格是长期投资，只有那些持久投入在某件事上获得的"慢感"才会让自己不断增值。

所以，不要总去做让自己开心的事，掉转方向去做那些能让自己变得更优秀的事吧，你会发现这比开心值得更多。

> **眼盛星河 心向远方**
>
> 你不得不爱你自己的理由是，如果不爱你自己，你是不可能感觉到美好的。当你觉得自己不好，你就阻挡了宇宙为你所准备的一切爱和美好的事物。

最重要的一手

□张　炜

一位大作家的弟弟，想学习哥哥写作的窍门。哥哥让他一同出海钓鱼。

钓了好多天的鱼，弟弟烦了，问哥哥："你不是要教我写小说吗？可你一点儿都没有教。"

哥哥说："那现在开始教吧。我问你，你钓鱼的时候，什么时候最激动？"

弟弟说："钓到大鱼时。"

哥哥摇头说："我的意思是，你钓到大鱼的整个过程中，哪一会儿最让你激动？"

弟弟仔细回忆着。

哥哥启发他："你想想，是鱼猛地咬到钩子的时候，还是往上拽、用棍子打它头的时候？抑或是把它装到网里、它乱跳乱蹦的时候？"

弟弟想着，说："当它咬到钩子，鱼线猛地绷紧。就在绷紧的那条线上，一溜水珠往下掉的时候，我最激动。"

哥哥说："你懂得怎样写作了。你就写最让你激动的那一溜水珠，写好写细，那是最扣人心弦的一刻，抓住它，其余的也就好办了。"

弟弟后来回忆说："哥哥教会了我最重要的一手。"

归结起来，焦虑的原因就两条：想同时做很多事，又想立即看到效果。

寻找智慧

□商 丘

有个人问智者:"聪明与智慧有区别吗?"智者回答:"聪明人想法成事,用尽心智来达到目的,往往不顾后果。智者先谋而后动,会随机应变,懂平衡之术,能预知事物发展的未来趋势。"

那人又问:"你怎么理解智慧的最高境界?"

智者说:"智者败于智,力者败于力,情者困于情,德者胜于德。玄之又玄,妙之又妙。智慧的最高境界是随机应变,无限辩证。世间万物,自在运行。人生其间,顺势而为,不可逾越天地之自然规律。"

这人恍然大悟,拜谢而出。

眼盛星河 心向远方

大多数人并不想要真理,他们需要的不过是安慰罢了。

学霸为啥总说自己"没考好"

□鲍安琪

有位学霸上了热搜,以为自己高考考得很差,准备复读,结果上了清华大学。网友纷纷表示周围的学霸貌似都这样,考完说没考好,分数出来却很高。学霸真的是因为虚伪才说"没考好"吗?

来自康奈尔大学的两位心理学家做了一个实验,让65名大学本科生为30个笑话的好笑程度评级,对比专业的喜剧演员的答案,得出各自评分,以此测试这些学生的幽默感。此外,这些被试者还被要求自己为自己排名。结果得分最高、排名最好的那些人,却认为自己仅比平均水平高一点点,觉得自己表现得不怎么样。

再结合逻辑能力、语言方面的实验,他们发现,那些有能力的人,往往低估了自己的能力、高估了其他人的能力。因此学霸们可能只是没想到其他人比自己更差。

这种认知偏差现象被称为"达克效应",被应用于解释人们自我评估的偏差。

一些真正有才干的人,当接到一项事实上很难但在他们眼里很简单的任务时,往往会误认为这项任务对所有人来说都同样简单。那些知识和技能明明都更出色的人,自信心却可能跌到谷底。因此说不定学霸们打心眼里觉得自己排名不会太高,因为他们低估了自己、高估了其他人,觉得大家都好厉害……

上述实验还有一个更有名的结果,测试中最不能辨认什么是有趣的人,反倒认为自己高出平均水平、表现得非常好。一个人只有真的具备某种能力、了解这项能力是什么,才有办法对自己是否掌握这种能力做出精确的评估。那些不具备能力的人,因为不了解这种能力究竟是怎么回事,也就无法认识到自己的欠缺。

能力较低的人，往往高估了自己在此领域的能力，而且难以发现自己高估了自己。高估自己且不自知，是"达克效应"更广为人知的一部分。越弱的人越认为自己无所不知，因为他们连自己有多弱都不知道……

医院里总有些患者，觉得自己比医生还懂。有些人对一些领域也不是很了解，却喜欢装作很懂的样子，侃侃而谈。越是知识渊博的人常常越谦逊，越是无知的人往往越自大。

整个"达克效应"逻辑链中最重要的一环在于，你首先要具备该领域相关能力和知识，才能判断出自己在这个领域的水平如何。这有点儿类似"夏虫不可语冰"，生长在夏天的虫子，从未见过冰，所以你没办法跟它聊冰的事。有时候你没法说服父母，是因为他们没有和你的人生一样的经历体会，只会对自己的观点深信不疑。

如何进行更准确的自我评估呢？归根到底，需要提升在某个领域的能力，获得更多知识，才能发现自己哪儿做得不好，评判出自己的水平究竟如何。

所以古人说"读万卷书，行万里路"是有道理的，拥有更多知识，至少使人更有能力审视自己。对于能力比较强的人来说，多收集信息、了解他人的水平也是一个办法，以免妄自菲薄。

知识就像是一个圆圈，圆圈之内，是你拥有的知识，而圆圈之外，就是未知的世界。你拥有的知识越多，你的圆圈就越大，接触到未知的范围也越广。所以，还是要多读书。

> 眼盛星河 心向远方　自律的一个重要方面是，不让自己沉浸在对人对事无益的想象中。

满身是诗

□白音格力

有些人，满身是诗。

比如李白，白月光照在身上即是诗，花间一壶酒即是诗，就算只呼吸一下，如余光中诗里所言：酒入豪肠，七分酿成了月光，余下的三分啸成剑气，绣口一吐就半个盛唐。

越老越喜欢李白。这句话我自言自语过很多次。

少年时也读李白的诗，只因朗朗上口，却读不出他诗中的天地。年岁渐长，读李白的诗，他的诗中似乎无美，无禅，无天地。却又处处是美，是禅，是天地。

我知道，他是个满身是诗的人。他即是诗，诗即是他。

也爱陶渊明、杜甫、王维、白居易、苏轼……

若在暗夜翻历史，或打开诗集，皆不需要灯，哪朝哪代，你只需念一个诗人的名字，他们就是灯，历史的灯。因为他们都是满身是诗的人。

诗不是"天雨粟"，无法让"鬼夜哭"，诗甚至不是一粥一饭一衣一行，但诗是光，能穿越历史，照亮当下。

所以读一首诗时，自然也会感觉，被光照身。

和一个朋友说起去一个陌生城市迷路之事，我说不用慌张，我们有诗意，我们用诗意引路。

看似这样的话，毫无章法，不过是虚幻般的浪漫而已。其实不然，在一个陌生的城市迷路，不美吗？

看了陌生的风景，领略不曾遇见的美好，心从容，走在哪里都能安然，不急不躁，不错过沿途的美，难道这不是美吗？

我觉得人生长路，更需要这样的"诗意"。

花从来不慌张，开也不慌，落也不慌；风也从来不慌张，暖得扑面时给了草木惊喜不慌张，凉得刺骨时让人瑟瑟亦不慌张。

细想，如此以来，我真的是个满身是诗的人。

因为满身是诗，所以见草见木，自然身上便有了草木清香；看风看月，水轻风，月冷露，更懂得清风明月照身是多么丰盈的美。

云有了诗意，自铺小径，接一个山中客，招待一席云水谣；雨有了诗意，自会牵起小巷，等一个撑着油纸伞的人，用两行韵脚，滴滴答答走两行肩并肩的背影。

让生活多几页安静的诗稿，一定比熙熙攘攘沸沸扬扬的名利更美；让光阴多几行干净的诗句，一定比是是非非风风雨雨的纷争更暖。

我希望我是一个满身是诗的人。不论生活安排怎样的悲欣交集，怎样的荆棘密布，都能从容而美好，带着诗意，闻到草木的清芬，看到月色的美。

安稳于日常，清喜于光阴，慎言于生活，落下的每一笔，都带着体温，带着虔诚与郑重。哪怕只写两行，哪怕不曾感动别人。

我知道，因为满身是诗，所以才会更深地懂得，生命的华衣，诗来穿针引线，即使终会难免有补丁，但诗的针脚，也会让补丁开花。

如此也就不怕了，满身是诗，向内丰盈。即使短歌行，也是一场与生命浪漫的邂逅。

一个满身是诗的人，自然话越说越少，背一溪云，一坛老酒，向内自话。

诗越写越短，起笔一行，落笔一行，与你照面。敢于少说，愿意倾听，是行云流水生活；敢于短诗，越短越有味道，是山长水阔人生。

眼盛星河 心向远方 保持一颗积极、乐观的心。尽量发觉你周围的人、事中最好的一面，从中寻求正面的看法，让你能有前行的力量。

天才，就是缓慢的耐心

□米丽宏

天才有一种神秘感，我们总是好奇他们到底有哪些不同于常人的奥秘。

从科学家爱因斯坦、爱迪生、牛顿，到艺术家达·芬奇、罗丹、莫扎特，从文学家莎士比亚、但丁、雨果，到商界奇才比尔·盖茨、马斯克，再到篮球天才乔丹、科比，乃至中国古代诗人李白、苏轼，文学家曹雪芹……这些在全世界范围内响当当的天才人物，无疑有着极高的天分、突出的才智、卓绝的创造力和想象力，所以被称作与"神"最接近的人。

他们无一例外都是某个领域顶尖儿的成功者。他们的成功，当然有天赋的因素，然而，天赋断不是决定性的唯一。

20世纪90年代，美国著名心理学家埃里克森曾做过有关音乐天才的研究，在世界最好的艺术学院——柏林音乐学院，他们分组跟踪调查三年，得出结论：第一，根本不存在"与生俱来的天才"，没有人能够花费比平均水平少得多的时间，达到比平均水平高得多的成就。第二，世界上不存在所谓的"劳苦命"，没有一个毕生努力且方法得当的人，不能获得成功。那些顶级演奏家，他们的训练比其他人努力十倍，甚至百倍。

天分，不是天上掉下来的东西，随手一接就行了，而是要接得住、守得稳，不断琢磨维护和默默精进，并终身灌注于实践中。否则，即便身为天才，最终也将"泯然众人矣"。

法国作家福楼拜说：天才，就是缓慢的耐心。

一事当前，当别人无法忍耐悻悻离去的时候，只有天才在坚持。这世间普遍的事实是：天才画家，都是一直在画画的人；天才音乐家，都是一直在作曲的人；天才文学家，都是一直在写作的人……在别人目标涣散或无所事事时，他们一直在创作着后来被称为"天才的作品"。他们因此获得了"天才"的名号。

　　1902年，27岁的诗人里尔克应聘去给62岁的雕塑大师罗丹当助理。在这位年轻诗人的猜想中，名满天下的罗丹一定过着浪漫恣肆、与众不同的生活。而真实情形大相径庭，罗丹竟是一名整天孤独地埋头于画室的老人。

　　里尔克问："怎样才能寻找到一个要素，足以表达自己的一切？"罗丹沉默片刻，极其严肃地说："应当工作，还要有耐心。"

　　罗丹道出的，是成功的秘密，也是天才的秘密。

　　"音乐神童"莫扎特创作出被奉为经典的第九号钢琴协奏曲，是拿了整整二十年的苦练打底儿；世界首富比尔·盖茨在大学之前已不间断练习编程七年，一周七天、一天八个小时不离电脑；莫泊桑成名前默默无闻地写小说、诗歌近十年……

　　人生百年，三万六千日，足够一个人用缓慢的耐心成就自己。一分一秒，点点滴滴，都在见证着耐心的发生。

> 眼盛星河 心向远方
>
> 希望你活得尽兴，而不是过得庆幸。

与动物挂钩的"博士"们

□文 竹

"博士"这个词，大家一定不陌生。在古代，也有"博士"，一般是指通晓古今、能言善辩之人。古代有"博士买驴"这一成语，博士买的是哪里的驴？买驴做什么呢？

在《颜氏家训·勉学》一篇中，记载着一则博士买驴的故事。一位熟读四书五经的博士自认为才识渊博，做任何事情都要想方设法卖弄学识。有一次，他到集市上去买驴，眼看就要交易成功，他却要卖驴的人给他写一份协议，这让卖驴的人十分为难。最后由于卖驴人不识字，只能交给博士来写。这位自大的博士爽快应下，片刻间便起草了满满一张纸的条款，卖驴人以为此事就此结束，没想到博士还没写完，甚至几张纸都没有写清楚买驴的事情。此后便有了"博士买驴，书券三纸，未有驴字"的谚语。

这种写文章卖弄学识、哗众取宠，废话连篇、不得要领的"显摆"风格，便称为"博士买驴"。故事的最后，卖驴人愤愤离去，这位博士也没有买到驴。因此，这个成语不能单单从字面上理解，其意思也不是"买驴"这么表面，遇到这样的成语，还需要使用者多加挖掘，领会要义。

"博士买驴"后，您可否听说过"瘦羊博士"？

这个成语与汉代儒士甄宇有关。他是北海安丘人，东汉初年被封为博士，后又被升为太子少傅。众所周知，光武帝刘秀对于太学的博士非常重视，每年年关，便会赏赐每位博士一只羊，可这羊有大有小，如何分配是个难题。博士们建言献策，例如抓阄或将羊肉公平分发，如此斤斤计较的做法让甄宇非常反感，他径自向前领走最瘦的一只羊，此后博士们便互相谦让，很快就分发完毕。这件事也逐渐成为洛阳城的雅谈，此后便以"瘦羊博士"称呼甄宇。此后，"瘦羊博士"一词便指克己礼让的人。

> 我优哉游哉邀请我的灵魂，弯腰闲看一片夏天的草叶。

第三辑

学习力，
就是我们的超能力

长大与长进

□阿 蒙

"成长"的意义被反复强调后,人们会习惯性地认为,成长一定是进步。于是我们常常忘记问自己一个重要的问题:你是长大了,还是长进了?

收集108张干脆面卡片的孩子长大了,现在的他们在收集数码设备以及给自家的娃报课外班的名额。一分钱掰成两半花的成年人也会长大,现在的他们到处扫码领奖,抢一两毛的红包时的手速比年轻人快多了……

江山易改,本性难移。让人改变的从来不是时间,而是谦虚的学习态度、勤奋的实践经历和艰难的蜕变过程。

盲目自大的人不会进步,因为他笃信自己始终是对的,没有任何人、任何事、任何法则能让他低头多看一眼;不学无术的人不会进步,因为他失去的不仅是对书本知识的兴趣,还有挖掘自我和探索世界的乐趣;懒惰散漫的人不会进步,因为他安于现状、不思进取,对现实没有驾驭能力,对未来也没有更高的期待;畏惧失败的人不会进步,因为他把一时得失看得比生命更重要,在比赛结束前就自我放弃了;脱离实际的人不会进步,因为他在夸夸其谈中得到了非凡的自我满足感,既无法摆脱惰性,也不敢面对真相,握在手里的永远只是虚无;固执死板的人不会进步,因为他既不关心对错,也不在乎输赢,甚至罔顾环境的变化、局势的扭转、时代的焕然一新,他只想封闭在思想的琥珀中,停留在一个僵硬的姿势里。

成长只是一个自然的过程,而进步是需要人类去努力追求的,这意味着达成一个目标——这个目标并非停留在某个地方,而是在每一次被触及后再向上一点点。而人类,就这样伸出探索的双脚,一步步走上发展的阶梯。

但愿我们是长大了,也真的长进了。

一份炸药只能爆炸一次,而一本书却能够"爆炸"数千次。

如何求出熊是什么颜色

□程应峰

上海某中学曾出过一道模拟试题:"有一头熊掉到一个陷阱里,陷阱深19.617米,下落时间正好2秒。求:熊是什么颜色?"备选答案为:"A.白色,北极熊;B.棕色,棕熊;C.黑色,黑熊;D.黑棕色,马来熊;E.灰色,灰熊。"乍一看,条件和需要求证的结果风马牛不相及,解答这道题的难度也就可想而知了。

但还是有人做出了比较完美的解答。首先,根据题目条件算出重力加速度g=9.8085,查一下重力加速度与纬度对照表,可知陷阱是在纬度44度左右的位置。根据熊的地理分布,南纬44度没有熊的踪迹,所以就只能在北纬44度的位置了。其次,既然为熊设计地面陷阱,一定是陆栖熊,而且大部分陆栖熊视力不好,难以分辨陷阱,所以容易掉入陷阱。至此,可排除北极熊、马来熊和灰熊。如此一来,只剩下棕熊和黑熊两个答案。最后,既然陷阱深19.617米,土质一定为易于挖掘的成土母质。虽说棕熊在相应地理纬度上有分布,但多为高海拔地区,而且凶悍,捕杀的危险系数大,价值没有黑熊高。一般的熊掌、熊胆均取自黑熊,又因黑熊的地理分布与棕熊基本不重合,所以可以判定,陷阱里的熊是黑色的。

这样一道题目,将物理、地理、生物等知识熔于一炉,构架出一幅广阔的"知识画卷",美不胜收。解答这样一道题目,是追寻知识美、逻辑美、自然美的过程,它需要一个人在理解眼前事物的同时,又能打破常规,跳出固有的条条框框。

敏感的身体、敏感的心灵,带给你敏锐的直觉、洞察力、创造力、热情,更带给你灵性。

借大势做大事

□陆长全

我在青藏高原旅游时思考过一个问题：从青藏高原流下来的河成千上万条，为什么大多数流着流着就没有了，只有长江和黄河最终形成了两条奔腾不息的大河呢？

我请教一些地质学家，得到这样的答案：只有这两条河发源的高度和角度不同。

高度比别人高会导致什么呢？会导致这条河的起点和终点之间落差大，水的落差大就会形成较大的势能，导致水流流淌的速度大。

所以，高度决定速度。那么，河流发源的角度不同将会导致什么不同？

假如给一些人 10 个小时去走路，以同一个起点向不同的方向走，看他们每个人能走多远。你沿着 45 度的方向，他沿着 90 度的方向，另一个人沿着 135 度的方向。

每个人在不同角度将意味着他遇到困难的性质和大小是截然不同的：你在 45 度的方向遇到一条高速公路，一马平川；他在 90 度的方向遇到的是几座高山；另一个人在 135 度的方向遇到的则是几条大河。

在不同角度上行走的人，得拿出不同的资源和时间来克服道路上遭遇的不同困难，也就决定着每个人在不同角度上，在 10 个小时内能行走多远。

所以，角度决定长度。

保持学习能力，是我们一生的必修课。这样，之于别人百无聊赖的时光，在你，就是不断充实自我的增值机遇。

20分钟

□斯图尔特

11岁那年的一天,我和爸爸照例出门去散步,经过北区河畔殡仪馆门口的时候,爸爸突然停住脚步,问了一个莫名其妙的问题:"几点了?"我看了看表,告诉他是10点25分。然后,爸爸问我看到了什么。"没什么值得特别注意的。"我回答,"一群人——大概150个,正排队进殡仪馆。""嗯,眼力不错。"爸爸满意地点点头,接着提起别的话题,跟我讨论起体育新闻来。说了快半个小时,我发现他还没有离开殡仪馆的意思,就问:"我们要不要继续散步?"爸爸没有立刻回答我,却突然提出第二个奇怪的问题:"儿子,你现在能看到什么?"我向殡仪馆门口望去,刚才进去的人现在排队出来了。

"还是没什么特别的。"我耸耸肩,"估计是追悼会刚结束,进去的人已经出来了。""非常准确。"他说,"你看看现在几点。"我说是10点50分。爸爸点点头,若有所思地说:"对,人的一生总结起来也不过就那么长时间。"我疑惑地抬起头:"什么时间?爸爸,我不明白您在说什么。""你看,追悼会上牧师会宣读悼词,也就是死者一生的总结。宣读悼词估计不过短短20分钟,很多当时被认为是巨大的挫折或者伟大的成就,其实只是微不足道的小事,根本进不了这20分钟里。你长大以后,无论是沮丧还是得意的时候,都要想想我这句话,你将发现眼前的道路会变得开阔许多。"

> 严寒使万物放慢脚步,但生活不会。人们选择在这片土地上扎根,也在时光中学会如何与寒冷共处。

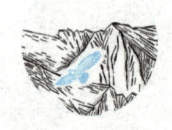

射鸦英雄传

□青 丝

早年热播的电视剧《铁齿铜牙纪晓岚》中有一个情节：纪晓岚忽悠生病的和珅，让他去找一只乌鸦炖汤喝，病即可痊愈。和珅信其言，可是对着不除内脏、不施油盐的炖乌鸦，又着实难以下咽……我的关注点和许多人不一样，最想知道剧中的乌鸦是如何捕捉到的。美国玄学大师艾伦·华特说："杀一只鸡而没有能力将之烹好，那只鸡是白死了。"剧中的乌鸦不但没有烹好，也没有把来源交代清楚，无法为剧情增添"质感"，显然也是白死了。

这样说是因为乌鸦的智力很高，难以捕捉，想要射获一只乌鸦的难度，绝不亚于金庸小说描写的成吉思汗在大漠里射雕。早在《诗经》时代，古人就说"莫黑匪乌"，认为乌鸦不祥，鸦鸣乃预兆凶事，射鸦的人也须克服巨大的心理障碍。这些奇幻元素，对文学产生过很大的影响。就像西方神话故事里的异形怪物，最后总是被英雄和众神消除，稗官野史里的射鸦人，也大多是英雄。

明代广东有个叫张嗣纲的武生，九年内连中三榜武魁。他炫耀自己超人武力的方式，是写诗记述自己射乌鸦的经历："从猎人驰犬，弯弓我射鸦。"别人都是射大雁飞雀，他是射乌鸦，明眼人从这一博弈型叙事，即可知他武力满级。

五代时，南唐名将何敬洙擅射弹弓，他发迹前在楚州团练使李简府中做家童。李简性急残暴，杀人如麻，下属或仆役触怒他便性命难保。何敬洙与府中下人嬉戏，一老仆手举李简最喜爱的砚戏问众人，有谁敢摔这方砚？何敬洙酒后头脑发热，接过砚便摔在地上，当场碎裂成几块。众人一看惹祸，顿作鸟兽散。

第二天李简发现砚没了，要处死何敬洙。但是与古戏文里耳熟能详的桥段一样，李筒也有一个贤淑善良且具有识人慧眼的夫人——李夫人早就发现何敬洙生有异相，非池中之物，于是偷偷把何敬洙藏了起来，用时间化解丈夫的怒气。数日后，李筒在屋内休憩，树上一只乌鸦不停朝他乱叫，声音极为刺耳，李筒厌恶起身走到后园，乌鸦却一路跟着他。命人驱赶，乌鸦毫不惧怕，李筒大怒，想起何敬洙擅射弹弓，发话说，何敬洙若能射杀这只乌鸦，我便饶他一命。

何敬洙应召而至，一弹就把乌鸦打了下来，李筒见他射术如此之精，赞叹不已，把他擢为小校。其后何敬洙一路累积军功，成为大将军重回故地，看到亭子上有一只乌鸦不停朝着他叫，顿时醒悟惊问，难道当年就是你救了我的命？他立即取来食物，乌鸦也直接飞到他手上取食——本来很平庸的一个故事，因为穿插了这样一段魔幻现实主义情节，就具有浓郁的迪斯尼风格，即使放到现代看也不算过时。

最有意思的射鸦故事出自鲁迅之手，他在小说《故事新编》里，重塑了神箭手后羿的家庭生活。后羿家附近的野兽都被他射光了，只剩下乌鸦，日子过得很艰难。嫦娥为此常有怨言，丈夫虽因射日的辉煌事迹获得诸多赞誉，但只是表面光鲜，小家庭过着三餐不继的生活。后羿这天带着射获的三只乌鸦回到家，嫦娥终于忍不住发飙："又是乌鸦的炸酱面，又是乌鸦的炸酱面！你去问问去，谁家是一年到头只吃乌鸦肉的炸酱面的？我真不知道是走了什么运，竟嫁到这里来，整年的就吃乌鸦的炸酱面！"第二天，趁后羿出远门打猎，嫦娥独自服仙药登月，与后羿分居了。

鲁迅的高明之处，是用戏说神话的方式为现实祛魅，看似博人一粲的游戏之文，还原出了英雄的落寞和残酷的生活真相。民国初，许多人都在欢呼或效仿娜拉出走，鲁迅却泼冷水问道："娜拉走后怎样？"认为"从事理上推想起来，娜拉或者也实在只有两条路：不是堕落，就是回来"。即使是嫦娥，生活落入捉襟见肘的境地，连每天吃什么都需要发愁，也无法超然物外。

> 逻辑能把你从A带到B，想象能把你带到任何地方。

朝三暮四的猴子可不傻

□鹤老师

有7颗橡子，早上给猴子3颗，晚上给猴子4颗，猴子们很不开心；换一下，早上给4颗，晚上给3颗，猴子们就很高兴。可换来换去都是7颗橡子，那帮猴子是不是傻呀？

不是，因为结果并不是唯一的衡量维度。同样的结果，不同的过程，效果会大相径庭。

两个方案的差别到底在哪儿呢？举个例子，一个好消息，一个坏消息，先听哪个？好消息是你中了500万元，坏消息是你昨天没领，过期了。这和你压根儿没有中奖有区别吗？

当然有。先听坏消息，再听好消息，你可能"哦"一声就完事了；但先听好消息，再听坏消息，你一定会念念不忘，"这么大的奖，差一点儿就是我的了"。看似都是零收益，但人类对收益和损失的敏感度不同，导致感受有天壤之别。那帮猴子也一样，朝三暮四并不是笨，虽然总量都是7颗，但分配的方式不同，感受就完全不同。

这种细微的差别，在营销中体现得淋漓尽致。比如，满1000元减200元和满1000元直接打8折就不一样，前者会让人感觉白捡了200元；直接标价699元和原价899元但现价只要699元，后者会让人感觉占了便宜；商品9.9元包邮和商品免费但邮费9.9元，用户的感受也截然不同。

锚点不同，决策就不同。同样一瓶水，大家都卖2元，有人卖4元，价格就贵了100%，不能接受。而如果是一台笔记本电脑，大家都卖15000元，有人卖14998元，仅仅便宜了0.01%，那就可以忽略不计。营销研究的就是消费者的心理，就是这种"朝三暮四"的细微差异。猴子并不可笑，它们只是我们的影子。

能抓住机会，也是一种能力。

避 短

□赵盛基

李谐是东魏名士,他学识渊博,口才出众,常常作为东魏的外交使臣出访南朝,其辞辩风采轰动江南,令人倾倒。

其实,李谐是有生理缺陷的。一是有些跛足;二是脖颈上长有一个肉瘤;三是有些口吃。这就奇怪了,一个口吃之人怎么会口才出众而且善于外交辞辩呢?用他自己的话说就是"善于掩饰"。

原来,针对自己的三大缺陷,李谐极其注意掩饰,一贯坚持"二慢一仰"的做法。就是说,为了掩饰跛足,他走路徐行,使步履沉稳;为了掩饰口吃,他说话意在口先,慢条斯理,使口齿清楚,掷地有声;为了掩饰脖颈上的肉瘤,他就仰脸讲话,使肉瘤隐于衣领内。

结果,慢,练就了他不急不躁,遇事沉着的性格;仰脸,给了他抬头挺胸,胸有成竹的自信。于是,缺陷就像浮云一样,飘到了天边看不见的角落。

由于李谐善于掩饰缺陷,不仅可以正常生活,而且可以担当国家使节这样的重任,在社交场合游刃有余。

有信心避开短处,或者利用好自己的短处,何尝不是另一种长处。

生活本来就很精彩。只不过有人没发现自己是作者,没发现他们可以按照自己的想法创作。

让自己有趣的捷径

□佚 名

我楼上住着一个耿直妞儿，谈正事儿经常得罪人，但大家还是喜欢跟她一起玩，因为她对旅行深研到了比绝大多数导游还精通的地步。

她了解每一个著名旅游景点的日落时间，对于全球明星、名媛、贵族后代开的餐厅和酒店了如指掌。

跟她一起出门，你会抱怨她的性格，但她领着大家，没有经过漫长的等待与冻成狗的惨痛经历，就看到了北极光。你会由衷地觉得跟她在一起实在是太有趣了。

她是怎么做到的？她提前半年，把全球所有能够看到北极光的地点，做成精细的表格，分析时间、概率，精准地掌控大自然最不可能掌控的那部分。

这么有趣的姑娘，我们允许她身材胖一点，说话耿直一点。

所以你看，你觉得自己无趣，绝不是因为爹妈没有从小培养你的口才，而是你没有在有趣的事情上下功夫。

> 人不能太懒惰，不然容易产生一种错觉：稍微努力了一下，就觉得自己拼尽了全力。

有利速度点

□周　岭

在航空领域，有一个"有利速度"的概念。用大白话说就是，假设飞机在跑道上从零开始加速，随着速度不断增加，飞机就可以离开地面进入稳定上升的状态；达到一定速度后，飞机就可以进行各种机动飞行了。这个速度增加的过程可以用一条曲线表示。

速度曲线的最低处有一个点，我们称之为有利速度点，它把飞机飞行的状态分为两个阶段：在它之前的速度区间被称为"第二速度范围"；在它之后的速度区间被称为"第一速度范围"。

在第二速度范围内，飞机维持平飞需要消耗极大的能量，推力稍微减弱，速度就会很快下降，飞机就有坠落的危险，而一旦突破有利速度进入第一速度范围，飞机就可以用较少的能量轻松地进行飞行，而且很容易保持稳定，几乎不用担心飞机会"掉下来"。

再如，汽车起步的时候，需要低挡位加大油门，而达到一定速度之后，挡位升高，再轻轻一点油门就可以让它极快地加速；刚开始跑步时会非常痛苦，极容易放弃，而一旦跑到一定程度，身体就会持续感受到多巴胺带来的运动快感，从此爱上跑步。

事物底层之间的规律居然如此相通——要想获得"自由"，就要在起步阶段全力加速，快速突破那个领域的"有利速度点"。如果我们脑中没有这个概念，就可能让自己长期无意识地徘徊在低水平状态，然后在极其艰难的处境中走向失败。

如果飞机达不到有利速度，即便全程保持最大推力，耗尽能量，最终也只能摇摇晃晃地回到地面或坠毁；如果火箭达不到环绕速度或逃逸速度，就会永远被地球引力束缚，无法进入自由状态。

生活的目的就是自我进步。

越好的关系，越要如履薄冰

□李清浅

一个小男孩和熊成了朋友，他们彼此喜欢，深深依恋。

遗憾的是，这头熊有个缺点——口臭。但由于孩子非常喜欢这头熊，他从来没有告诉过熊它有口臭。

有一天，孩子和熊发生了一点儿争执，孩子气冲冲地和熊说："我其实忍你很久了，因为你是一只有口臭的大笨熊！"

熊听了愣了一小会儿，然后从房间里拿出一把水果刀对孩子说"你往我身上捅一刀"，孩子非常纳闷，却还是照着做了。

水果刀在熊的身上划出了一个伤口，鲜血直流。熊告诉孩子："我要离开这里，一年以后我会回来找你。"说完熊就离开了。

熊不在的日子里，孩子怀念熊的温暖和善良，他甚至觉得熊有点口臭也无妨。一年到了，熊终于回来了，孩子迫不及待地跑过去跟熊道歉："我错了，我不该嫌弃你。"

熊这时将一年前的伤口展示给孩子，伤口已经愈合了。熊却说道："但是你当时那句'有口臭的大笨熊'，在我心里留下的伤口，直到现在还滴着血，它从未愈合。"说完熊就离开了，再也没有回来过。

这则小故事原本是要教育我们恶语伤人六月寒，不要出口伤人。可是对孩子来说，又何尝不是因为一件"小事"永远失去了一个朋友？之前美好的一切已经在熊的记忆里消失了。有时候失去一段感情，就是这么简单。

说一百句好话，也抵不过一句坏话带来的影响。有时候，我们的过失哪怕是无心之失，都可能让我们永远地失去一段重要关系，我们甚至连解释的机会都没有，对方就已经走远了。无论是朋友、同事还是夫妻。越好的关系，越要学会尊重，越要有界限感，越要小心翼翼、如履薄冰。

珍惜语言的真情实意，不要拿它们当弹药用。

门闩察人

□孺子羊

一般来说，做保安的都有一双火眼金睛，看人比较准，只要见过一两回，他就能记住这个人的相貌特征。

北宋时期，御史台有位看大门的保安，看人特准。时间长了，他就有了自己评价人的标准。谁来了，他觉得是个好官，就把门闩横放；他觉得是个坏官，就把门闩竖着放。这个保安当差四十多年，官员们都掌握了他的这个规律，进门时都习惯性地瞄一眼门闩，看一看自己进门后，门闩是竖着放还是横着放。由此判断，自己在保安眼里到底是不是好官。

御史中丞范讽，人缘不错，每次进门，跟保安打招呼的时候，看见门闩都是横着的，他走路也感觉踏实多了。有一天，范讽进门一瞅，看见门闩竖起来了，这把他吓了一跳，连忙问保安："我哪儿做错了？"

保安起初不想说，范讽再三追问，保安才说："昨天你请客，我看见你去了四趟厨房，叮嘱厨子怎么做饭菜。厨子答应了要走，你还把他叫回来，絮絮叨叨地叮嘱，一连四次。这么反复叮嘱累不累呀？你这也就是请顿饭，赶明儿你当大官治理天下，每件事都这么反复叮嘱吗？能当好官吗？絮叨烦琐，我都鄙视你，所以就把门闩竖起来了。"

范讽连忙说了好几个"我改，我改"，保安这才把门闩重新横放。

仔细想，一个保安的门闩竟有这么大的魅力，连御史中丞都会计较。说明人们很看重自己在别人心中的形象，一个门闩无形中起到一种监督的作用。当一个人不在乎自己的形象时，那就没救了。

一个人常常由于怕自己是个傻瓜，因此成了傻瓜。

迟到百年的学位证

□仇广宇

时隔97年,已故中国建筑学家林徽因收到了一份迟来的荣誉。2023年10月15日,美国宾夕法尼亚大学韦茨曼设计学院的官方网站发文称,该校将在2024年5月18日,为从该学院美术系毕业的校友林徽因追授建筑学学位。文章标题用"先驱""应有的尊重"这些具有分量的词语,说明这次追授的重大意义。

作为中国第一位女性建筑学家、新中国国徽设计灵感的提供者之一,林徽因享誉海内外,但很少有人知道,20世纪初,她在宾夕法尼亚大学(以下简称宾大)留学时并未拿到建筑学学位。而她没有拿到建筑学学位的主要原因是当时美国的社会环境不允许女性学习建筑。

在整理申请文件时,专家们在一堆历史资料中抽丝剥茧,还原了林徽因在宾大学习的全过程。

资料显示,林徽因1924年入学,在宾大就读于美术专业。同时,她也选修了建筑系的不少课程。专家们将林徽因的成绩与其同时期就读的知名建筑系校友做了对比,发现她的成绩单中的不少分数都是"卓越"级别,也没有不及格的成绩,看得出她是同期学生里当之无愧的"学霸"。

人们还发现,林徽因在短短3年时间里不但提前完成了美术系的课程,也成功选修了大部分建筑学的课程,但其中有两门课程她是无法选择的,一门是有男性模特参与的生活素描课,另一门则是需要下工地的建筑施工课程。因为没有这两门课的成绩,她没能取得建筑系的毕业证书。

女性无法参与素描写生和与工地相关的课程,听起来似乎有些荒谬,但是回到时代现场,这件事确实是当时的人们还没有打破的旧俗。在林徽因就读大学的20世纪初期,建筑和美术行业的人士普遍认为,这些课程对女性而言不太友好。

　　建筑设计是脱胎于艺术、美术类专业的综合学科，很多规则要沿用美术行业的习惯。如今的宾大韦茨曼设计学院原来就叫宾大美术学院，该学院受法国巴黎美院影响很深，延续了不让女生参与素描等课程的传统。除此之外，建筑行业属于比较辛苦的行业，做建筑设计时经常画图，有时需要熬夜，非常伤害身体，人们担心当时的女性无法处理这些问题，也就尽量不允许女生参与学习。

　　后来，随着时代发展，越来越多的建筑学专业开始招收女生，到了林徽因毕业数年后的1934年，宾大的建筑学专业终于开始抛弃老传统，愿意招收女性学生。而且，为了弥补历史的缺憾，宾大很早就开始为当年从美术系毕业，但有志于从事建筑工作并修习过建筑学课程的女性校友补发建筑学学位。林徽因本来应该在这几位女性之列，但阴差阳错，她的事情被人忽略了，直到2022年这个问题被设计学院院长斯坦纳发现后，才开始解决。

　　林徽因女儿梁再冰在口述史《梁思成与林徽因：我的父亲母亲》中提到，父亲梁思成1924年顺利在宾大注册，成为建筑系学生，她的母亲林徽因同样准备选择建筑系就读，却遭遇了失败，因为该校建筑系不招收女生，而理由是"建筑系学生经常要整夜画图，女生无人陪伴无法适应"。实际上，大家都知道林徽因在选修建筑学相关课程时没少熬夜，她把自己看得和其他男同学一样。这段记述，也从侧面印证，唯一阻挡林徽因拿到建筑学学位的，就是性别。

> 生有热烈
> 藏与俗常
>
> 杯中的水是亮闪闪的，海里的水是黑沉沉的。小道理可用文字说清楚，大道理却只有伟大的沉默。

这些成语竟然偷偷换了主角

□点点冰

一些成语只要瞟一眼，就能"脑补"出故事来，更不用说故事的主角了。比如"三顾茅庐"说的是刘备，"闻鸡起舞"说的是祖逖，"东窗事发"是讲秦桧……但是，我们也有看走眼的时候，就像下面的这些成语。

"气壮山河"的主角不是项羽

虽然项羽运气没有刘邦好，但他气场超级强，直到兵败那一刻他还霸气地唱出《垓下歌》。单是一句"力拔山兮气盖世"就看得人虎躯一震。所以，"气壮山河"这个成语应该就是这么来的了。

可惜，不是！"气壮山河"的故事最早说的是宋高宗时期的名相赵鼎。

赵鼎一心为国，却因为主张抗金，被奸臣秦桧忌惮，惨遭贬谪，气得他为自己写下墓志铭，然后绝食而死。陆游在《老学庵笔记》里说了这件事："赵元镇丞相与谪朱崖，病亟，自书铭旌：'身骑箕尾归天上，气作山河壮本朝。'"

虽说被朝廷伤了心，但赵鼎到死还想着国家，留下的墓志铭说自己死后气概会化为山河，保护宋朝强大起来。

"明察秋毫"的主角到底是谁

沈复的《童趣》靠着"背诵全文"成了不少人的童年阴影，但我至今仍对沈复的好眼力印象深刻——"能张目对日，明察秋毫，见藐小之物必细察其纹理"。这种境界难道还不算明察秋毫吗？

可事实是，"明察秋毫"出自《孟子·梁惠王上》。有一次孟子在给梁惠王讲治国之道时，拿鸟兽毛和柴火做对比："明足以察秋毫之末，而不见舆薪，则王许之乎？"

意思是:"大王您相信能看清鸟兽毫毛,却看不见一车柴火的人吗?"暗指梁惠王明明目光敏锐,却对民生疾苦视而不见。

因此,"明察秋毫"后来还衍生出了"洞察事理"的意思。

"老当益壮"说的不是李广

飞将军李广60多岁了还主动请缨远赴边境攻打匈奴,俨然成了老当益壮的代表。王勃在《滕王阁序》里也用他来做例子:"冯唐易老,李广难封……老当益壮,宁移白首之心。"现在却有人告诉我,"老当益壮"这个成语故事的主角居然不是李广?

"老当益壮"最早出现在《后汉书·马援传》里。书里说马援志向远大、为人耿直,最厉害的是他那句著名的口头禅——"丈夫为志,穷当益坚,老当益壮"。

汉光武帝时期有人叛乱,62岁的马援自请带兵去围剿。这敬业程度不输李广将军!

"欲加之罪,何患无辞"的主角是谁

"欲加之罪,何患无辞"这个成语乍一看,觉得就是为岳飞鸣冤的呀!想当年,岳飞不就是被大奸臣秦桧以"莫须有"的罪名害死的吗?

的确,这个成语用在岳飞身上很合适,但是岳飞不是这个成语故事的主角。

据《左传·僖公十年》记载,春秋时期,晋惠公为了讨好周公忌父等人,要杀自家的卿大夫里克,但里克是权臣,得找个借口才杀。于是晋惠公就说他杀了两个国君和一个大夫,自己虽然舍不得,但也保全不了他。不过里克早已看穿一切,对来人说:"不有废也,君何以兴?欲加之罪,其无辞乎?臣闻命矣。"

"这是泼脏水,不就是要我死吗?死就死!"里克说完就自杀了。果然又是一出"鸟尽弓藏,兔死狗烹"的悲剧啊!

> 善良一点,因为大家的一生都不容易。

辞达则止，不贵多言

□王丕立

小的时候，父母对我说得最多的教诲就是"言多必失"。所以，在比较正式的场合，我一直都不太敢发声，唯恐言多得咎。直到大学时期，我接触了一些书籍，一句"语言是存在的家园"，让我重新对语言进行了彻底的审视。

语言不需要奢华，更不需要矫揉造作。如《诗经》的语言，适宜地写景状物、绘声绘色地传情达意，所以会流传至今。

我开始一发不可收拾地刷存在感，开始了对语言的频繁使用。语言是情意的载体，让人文栖息。作为老师，我迷上了语言，对旁人常常滔滔不绝，喋喋不休，津津乐道。

后来，我看到一些老师，上课时给学生传授知识，每一个知识点，嚼烂了讲，掰碎了讲，炒剩饭一样反复地讲，想把那些知识像腌菜一样压进学生的大脑里，结果学生弄晕了，反胃了，反复地用语言硬塞的知识和道理在一些学生那儿水土不服，收效不明显，甚至还引发逆反心理。随着教育经验不断积累，我渐渐明白，课堂上应该尽量少讲无关紧要的话语，以免削弱学生对关键词的听取。可以适当停顿、可以留点沉默，让学生有理解消化的时间，语言说在褙节儿上才能显示出期待中的力量。

现在生活节奏特别快，信息来源广且纷繁芜杂，多少人还有时间和耐心听别人长篇累牍地说教呢？

朱熹有句话说得很到位，"辞达则止，不贵多言"。说话说到点子上就有效果，不需多言。生活中，各种碎碎念让我们的耳朵起了一层又一层厚厚的茧子，父母在子女耳旁多少次的叮咛，有些孩子根本没听进去。

因此，话不在多，真实地表达，切中肯綮，言简意赅，才能让语言回归神奇的效果。

有境界，则自成高格，自有名句。

批评家

□[黎巴嫩]纪伯伦 译/薛庆国

有天黄昏,一位骑马往海边赶路的男人来到了路边的旅店。他和往海边赶路的人们一样,很相信夜里人们的行止,他下马以后,把马拴在树下,然后走进旅店。

午夜,一个小偷趁人们都已入睡,将马盗走。

次日晨,旅行者醒来,发现马被人盗走,他痛惜不已,为失去了马,也为有人竟然心怀偷念。

这时,房客们走来,站在他四周议论起来。

"你真傻,怎么能把马拴在马棚外面呢?"

"更傻的是,你不曾把马腿捆扎一下。"

"骑着马去海边,本身就是件蠢事。"

"只有懒汉和腿脚不麻利的人才备有马呢。"

旅行者十分不解,终于叫了起来:"朋友们,就因为我的马被偷了,你们一个接一个数落我的过错;可奇怪的是,对于盗马贼,你们怎么不加一句谴责呢!"

我的孩子,如果可以,我想告诉你世界的一切奥秘,告诉你山川大河、日升月落、光荣与梦想、挫折与悲伤。

巧用"瑕疵"

□胡建新

表演学中有一个理论，叫作"瑕疵理论"，意思是，如果一个演员的长相或语言有瑕疵而无法克服，则干脆夸大这个瑕疵，让瑕疵变成一种风格、一种艺术。"瑕疵"，如同"缺点""缺陷""错误"一样，似乎是一个很不光彩的字眼，然而，倘若能够根据具体情况对"瑕疵"加以巧妙利用，则往往可以收到正面的、积极的效果。

将错就错。有些错误不仅可以改正，而且可以改道，通过人为的努力，使其改变错误的路径，朝着有益的方向发展。相传春秋时期，工匠祖师鲁班受君主之命盖宫殿。他带着一帮徒弟做好了梁柱，可在搭建时发现其中一根柱子被做短了三寸。如果重做，时间已经来不及了。鲁班郁闷地回到家，与妻子商量此事。妻子心生一计，说："干脆把全部柱子都锯短三寸，再用合适的石礅子垫上。"从此，在石礅子上面立柱子，居然成了一大建筑风格。无独有偶，西班牙著名画家毕加索创作了一幅铜版画，画的是一个英姿飒爽、右手拿着长矛的斗牛士。可令他没有想到的是，画像在印刷时出了错，左右易了位。当看到一个左手拿长矛的斗牛士时，他不禁大吃一惊。但很快，他忽生灵感，将此画的名称改作"左撇子"，后来竟成了经典之作。

歪打正着。本来采用了不恰当的做法，却侥幸得到满意的结果，这样的事例古今中外屡见不鲜。一次，古埃及法老胡夫举行盛大国宴，有个小厨工不慎将一盆炼好的羊油打翻在灶坑旁，与草木灰混在了一起，他吓得连忙用手把羊油捧起来扔到外边。扔完后，他赶紧去洗手，不料竟将手洗得特别干净。渐渐地，用羊油混合草木灰洗手便推广开来。后来经过研究，改变无数人生活方式的肥皂便问世了。与此如出一辙，德国有个造纸工人，在生产书写纸时不小心弄错了配方，使一大批书写纸报废。他不仅被扣了工资，而且被解雇了。事后，他的一位好友提醒他："能否从这次失误中找到一些有益的东西呢？"很快，他想到这批废纸虽然已不能用于书写，但其吸水性能很好，可以吸干器具上的水分。于是，他将这批纸切成小块，并取名"吸水纸"投放到市场，结果十分抢手。可见，当我们发现某些意外失误时，不必一味自怨自艾，而应当好好研究和利用这些失误，某些奇迹恰恰可以由此产生。

善用缺点。所谓缺点，其实并非烂透了的铁板、朽空了的木头，其性质往往会因时因地发生转化。在这个场合是缺点，在那个场合却可能是优点。清代将领杨时斋面对一时无人可用的窘境，毅然决然地将聋者置于左右使唤，让哑者专司密信传递，令跛者坐守炮台放炮，不仅缓解了用人荒，而且使人人各得其所。国外有位公司主管，发现一些人有吹毛求疵的毛病，于是就安排这些人去当监察人员，结果他们干得很出色。原本吹毛求疵的缺点，变成了忠于职守的优点。人们常说，用人要用其所长、避其所短，但如果用得恰当、用得好，用其所短与用其所长一样，具有异曲同工之妙。

现实生活中，许多看似无用甚至"有害"的东西，只要善于巧用，就可以化短为长、变废为宝。当然，不是所有的"瑕疵"都可以巧用，那些致命性的缺陷、本质性的错误，必须加以防止、弥补和改正。

生有热烈 藏与俗常　博学仅是塞满一些事实或见闻而已，可是鉴赏力或见识是基于艺术的判断力。

蛇的生存智慧

□关成春

无意中看到一档电视节目：有人想做一个防蛇的装置。

这是一个球形滚动装置，把空心球穿在绳线上，倘若有重物落上，球便会滚动。设计者说，蛇绝对无法爬过这种表面光滑又爱滚动的球。

最初，这个装置只有一个比拳头大不了多少的圆球。放上一条菜花蛇，只见蛇身辗转，蛇头伸展，菜花蛇毫不费力地绕过圆球，稳稳地爬回地面。

设计者很是不服，把圆球的直径加大，大得像光洁的排球。菜花蛇沿着绳线爬过来，见了这个庞然大物，伸出头来探测一番，尾部缠紧，蛇头伸展，稍做努力便把细长的身体运送到圆球的另一端。

设计者有些急了，这小小的丑丑的爬行动物，竟然可以与万物灵长的人斗，并且连胜了两个回合。

这回，是一大一小两个圆球，菜花蛇又被送上了绳线，它慢悠悠地爬过来，头部刚搭到球上，球便滚动起来，菜花蛇一点也不紧张，顺势向前游动，顺着球的弧度把柔软的身子拧成横的"8"字，牢牢地缠住绳线，稳稳地爬过这两个让设计者自信满满的球。

设计者有些气急败坏：加球，再加一个大球。

这回，三个圆球的直径加起来超过菜花蛇身长的一半，菜花蛇还想把身体拧成"8"字，可是第三个大圆球几乎把它甩到地上去，菜花蛇急忙缩回身体，稍停了一下，回头向后爬去。

设计者很是兴奋，大喊：成功了，成功了——它要退回去了。

话音未落，菜花蛇又回过头来，它尽力让自己的身体顺应圆球的弧度，尽力扭曲自己慢慢向前，同时尾巴打成结，紧紧地缠在绳线上，此时设计者才明白，菜花蛇曾经的回首，正是为了找到恰当的支点。支点稳固，又顺应了圆球的特性，尽管费了一点周折，菜花蛇还是成功地爬回到地面，再一次挑战了人类的智慧。

设计者急得直挠头，不服气地又连加了两个球，那些球的直径加起来比蛇的身体还要长很多，这回，菜花蛇真的掉到了地上。

满脸得意之色的设计者再次把菜花蛇放到绳线上，想再看看那蛇因失败而摔下来，可是，菜花蛇好像生气了，无论设计者怎样逗弄，再也不肯去那一串球中表演，就那样昂着头，缠绕在那一串圆球的上端。

设计者终于露出胜利的笑，大家也都认为，他的防蛇装置设计成功了。

这些自以为是又目空一切的人啊，总是以为自己手段高明，又哪里能领略蛇的智慧呢？菜花蛇的长度毕竟有限，倘若有另外一种比它更长的蛇，哪怕是五个圆球，也会成为蛇恣意攀爬的通途吧？

"天下之至柔，驰骋天下之至坚。"把障碍变通途，把弱势变优势，柔软、顺应，关键时刻可以转个弯蜿蜒蛇行——原来，蛇的生存方式接近于智慧。

> **生有热烈 藏与俗常**　人的内心真的很奇妙，总是被一些芝麻绿豆的日常琐事搞得乌烟瘴气，然而有了一双新的登山鞋，或是感受到春日气息，顿时就能感受到人生的丰饶与美好。

你是边缘的羊吗

□东风破

经济学上有一种"羊群效应",具体解释为,羊群中一旦头羊动起来,其他的羊也会一哄而上。整个羊群会不断模仿头羊的一举一动,头羊到哪里去吃草,其他的羊也去哪里吃草。

在人际交往中,也存在着"羊群效应"。仔细观察身边的人际圈,会发现圈子里常常会有一个或几个善于表达观点并且做出最终决定的人,他们往往占据着头羊的位置。而圈子里的其他成员,或多或少会被头羊的观点裹挟着前进。随着时间的推移,头羊的位置更加牢固,群羊会从心理上对头羊产生信任和依赖。在这种情况下,羊群里的普通小羊是很难冲击头羊的地位的。当与头羊出现意见分歧时,即便勇敢输出自己的观点,被认可和采纳的概率也会打折扣。

在这种无形的控制下,小羊会因惧怕站在头羊的对立面,而渐渐沉默寡言,甚至会萌生牺牲的想法,变得委曲求全。即便羊群的最终决定与自己的观点和利益不符,也如砧板上的鱼肉,不再试图反抗,一味听之任之。

读到这里,不妨回忆一下自己在人际交往中的点点滴滴,你有过作为群羊中的一员被牵着鼻子走的经历吗?其实,在羊群中的定位,与每个人的性格息息相关。如果你天生不擅长表达,更不想把自己的意见和想法强加到别人身上,本身是没问题的。但是到了羊群里,沉默和羞涩便意味着将主动权和话语权拱手让人,经过日积月累,自然会使你在羊群里一退再退,直至退到羊群的边缘。某一天,你会蓦然发现,自己已经离羊群的中心太远,即便是鼓起勇气发声，也很难在羊群中传播开来。

那种好像成了队伍中的隐形人，不被人听到，不被人需要的感觉并不好受。但遗憾的是，似乎很多人都曾有过这样的经历。那么，处在这种阴霾笼罩下的小羊，该如何挣破怪圈呢？

大多数人首先想到改变自己，既然无力改变环境，那只能从自己身上下手。努力坐到头羊的位置，被左右的束缚感自然也就一扫而空了。

但是有的人会在努力成为头羊的过程中产生自弃自厌等负面情绪，甚至怀疑自我价值，这就得不偿失，且背道而驰了。

既然难以改变自己，那为什么不坚持自己呢？人是群居动物，我们会倾向于和团体一起行事，来填补自己在安全感上的缺失。跟随羊群自然有诸多好处，但是做不了掌舵人，决定不了轮船行进的方向，长久以来，只会使我们在茫茫大雾中逐渐迷失自我。既然不舒服，何不暂时脱离出来，寻找最舒适的自己？很多人惧怕孤身一人，好像这样自己就是被抛弃的可怜虫，要面对他人异样的目光。实际上，为人处世，首先要考虑的，自然是保有自我，取悦自我。与群体保持适当的距离，并不意味着与世隔绝，只是给自己的头脑留更多思考的空间。

因此，既然已经退到了边缘处，那就索性再勇敢一些，脱离了羊群也无妨。相信你会在脱离束缚后，发现更清醒明媚的自己。

生有热烈　藏与俗常　　只有满怀自信的人，才能在任何地方都怀有自信沉没在生活中，并实现自己的意志。

用起来才不容易坏

□黄小平

我的一位朋友，患了关节炎，去看医生。朋友问医生，自己怎么会患上关节炎。医生说，是运动少、关节活动少的缘故，平时多活动关节，能起到预防关节炎的作用。

我的另一位朋友，托人到国外买了一块名表，舍不得用，藏之高阁，几年后，突然想起这块表，准备拿出来用，一上发条，发现表是坏的，表针一动不动。朋友把表拿去修，问修表的人，说一块名表，怎么没用就坏了呢？修表的人问明情况后，说是因为搁置太久没用的结果，表太久没用，表里的机油就会挥发殆尽，齿轮之间没有机油的润滑，摩擦力加大，从而产生齿轮转不动、表针走不动的现象。

用起来才不容易坏，关节、手表，还有我们的人生，均如此。我们的懈怠，我们的懒惰，我们的青春、热血和汗水如果闲置不用，都会使我们的人生生出许许多多的毛病来。

> 一些不可控的力量可能会拿走你很多东西，但它唯一无法剥夺的是你自主选择如何应对不同处境的自由。你无法控制生命中会发生什么，但你可以控制面对这些事情时自己的情绪与行动。

第四辑

攒了一把暖给你

孔门里的坏学生

□周 渝

宰予，字子我，亦称宰我，这个孔门弟子太容易让人记住了。观《论语》，他挨骂最狠，简直是坏学生的典型。若再结合司马迁写的《史记·仲尼弟子列传》来看，宰予不仅上学期间油嘴滑舌，毕业后也不走正道，助纣为虐，简直是孔门之耻。

可奇怪的是，这样一位"坏学生"，到了唐朝官方诏令国学祭祀孔子时，却能够跻身于配享孔庙的"十哲"之一。而且，无论是《论语》还是《史记》，都能找到对宰予评价很高之处。

对于这样一位表现特别、充满矛盾的人物，我们不妨把时间倒退回孔子课堂最热闹的那些年去看看。鲁昭公二十七年（公元前515年），孔子从齐国回到鲁国，决定继续教书办学，此后10年间，孔子的弟子越来越多，如颜回、端木赐、冉雍、冉求等著名弟子都在这期间加入孔门。当然也包括"坏学生"宰予，而他给人印象最深的大概是在上课时间睡大觉。《论语·公冶长》载：宰予昼寝，子曰："朽木不可雕也，粪土之墙不可圬也！于予与何诛？"子曰："始吾于人也，听其言而信其行；今吾于人也，听其言而观其行。于予与改是。"

宰予旷课了，孔子派人去找，结果发现这小子白天在房里睡大觉。夫子很生气，他怒批宰予是"朽木不可雕也"，烂泥扶不上墙，我还有什么可以说的？接着引发自己对识人态度的思考，说起初对人是听其言而信其行，如今是听其言而观其行，就是因为宰予这言行不一的家伙而改变的！

孔夫子愤怒的后果，就是后世几千年来，家长、老师骂孩子不成器都喜欢用这句"朽木不可雕也"。可问题在于，宰予后来能力很出众，这哪是朽木和烂泥？明明是优秀学生！

于是有人对宰予昼寝这段做了另一种解读：宰予身体不好，精神匮乏，所以白天睡觉。孔子见了感慨地说，朽掉的木头是不能强行雕琢的，土坯经不起风雨的侵蚀！对于宰予这样身体不好的学生，我怎么好过分责备他呢？让他好好休息吧。

看看，这样解读，是不是和前面的孔子形象天差地别？一个是因为学生旷课睡大觉而大动肝火的严厉班主任，一个是关心学生身体、不忍让学生过度劳累的慈祥老父亲。持后一种解释的人还会认为，这不正是孔夫子的高明之处吗？宰予身体不好，所以不苛求他一定要来上课，宰予后来能够取得成就，也是因为孔夫子"因材施教"。

一件旷课睡觉的事，竟然能衍生出反差如此大的解读。皆因《论语》这本经过漫长筛选编撰而成的书，记录的许多孔子语录都看不出具体语境。《论语》关于这件事只交代了前提，诸如宰予身体不好、容易疲乏等都不见于记载，仅是后人推测。

可换个角度看，春秋时期照明条件十分有限，大部分人睡得很早，读书人必须早起趁着天明之时学习功课，所以白天睡觉被视为懒惰。宰予是人，他后来的表现优秀不代表学生时代就必须完美无瑕，有个旷课睡觉的前科不算什么，只是刚好被记录下来了。孔夫子也是人，发现学生偷懒睡大觉，恨铁不成钢地说几句重话也在情理之中。如果要大胆推测，与其脑补宰予身体不好，不如说正是孔夫子的几句重话把这懒惰的学生骂醒了，从此痛改前非，发愤图强，成为孔门优秀弟子。这样一来，不也是一个好老师因材施教巧用激将法、坏学生幡然悔悟逆袭成才的励志故事吗？

> 春风有信
> 花开有期
>
> 性格上的缺陷才是一个人的特色。就连大自然都会为了成就美、为了创造，而违反自己的规则，以便维持自己的热情。

退稿图书馆

□刘志坚

托德·洛克伍德是美国著名小说家理查德·布劳提根的忠实粉丝，他仔细读过理查德·布劳提根的每一部作品。1984年，布劳提根去世后，洛克伍德十分伤心，总想为偶像做点什么。

一天夜里，洛克伍德难以入眠。他猛然记起布劳提根在一部作品中虚构了一家图书馆，那里收藏的都是被出版商狠心拒绝的书稿。图书馆内只有一位管理员，既没有读者，也不对外开放，纯粹只为抚慰作者受伤的心灵。

何不筹建一家这样的图书馆呢？洛克伍德开始实施他的构想，四处搜罗退稿。可是几年过去了，他还是没有收到多少退稿。但出于赤诚，1990年，他的"布劳提根图书馆"还是在一间小房子里开张了。

起初，洛克伍德谨遵布劳提根小说里的设想不对外开放，可总有好奇的人闯进来一探究竟。映入人们眼帘的几排书架上散落着几部书稿，几个摆在不同位置的蛋黄酱罐子突兀地刺激着眼球。人们一番探问后，方知这些罐子是用来分类图书的。人们叹赏不已，纷纷要求图书馆对外开放。

对公众开放后，图书馆渐渐热闹起来，不仅读者络绎不绝，各种退稿也纷至沓来。除了日常维护，他开始对作品进行精选点评。查尔斯·格林17岁那年创作的《爱永远美丽》，从完成到进入退稿图书馆，其间一直都在寻找出版商，却屡屡碰壁，因被拒稿459次，洛克伍德将它评为"世界拒稿之最"；农妇比阿特丽斯·奎恩创作了诗集《鸡蛋下了两次》，洛克伍德给这本诗集的点评是：一个养鸡场女主人26年的生活智慧总结……渐渐地，小房子装不下越来越多的退稿，正在他发愁之际，克拉克县博物馆伸出了橄榄枝。

退稿图书馆看似是噱头，实则充满温情。在这里，人们得到的是心灵的抚慰，而图书馆存在的价值，大概就是如此吧。

想多了都是问题，做多了都是答案。

生气不如争气

□佚 名

《资治通鉴》里有这样一个故事。

苏秦游说各国失败后，用光了身上的钱，只能心灰意冷地回家。可是，回到家中后，妻子不理他，哥嫂不给他饭吃。但苏秦没有和任何人辩解，他只是闭门不出，拿出之前的书，一本本重新苦读。

学成后，苏秦再次出山，成功游说了六国合纵，佩带六国相印，执掌六国之军，扼虎狼之秦国十五年不敢出函谷关。

真正的君子，不在情绪上较高下，只在能力上争输赢。格局越大的人越明白，斗气是最无用的消耗，斗志才是最成熟的表现。

脾气越大，身体越差；脾气越温，福报越深。

《三国演义》中的张飞，没死在为关羽报仇的沙场上，反倒在暴躁脾气的"阴沟里翻了船"，丢掉了性命。

清代作家李渔排解情绪的方法是写字："予无它癖，唯有著书。忧籍以消，怒籍以释。"

郑板桥更加直接，当郁郁不得志时，就提笔画竹。画完以后，心里就舒坦了，画技也愈加纯熟，一箭双雕。

生气不如争气，不轻易大动干戈，是最好的修行。

春风有信
花开有期

那些你焦虑得不行的事，未必会发生。简言之，不要预支明天的烦恼。

一节冒冷汗的戏剧课

□周 晓

本着"这门课看起来学分特别好拿"的原则，我笃定地按下了选修戏剧课的确认键。迈着轻快的步伐，我来到了表演厅。看到老师正积极地张罗着大伙来到开阔的活动室围成圈时，我忽然意识到这课堂内容似乎与课题名称"世界经典戏剧观摩"不太相符——它要求我们参与其中。

在大脑识别了这一重要信息后，我的身体做出了反应。是的，上了一年大学，习惯了在熙熙攘攘的大课室里，做一名安静的观众看着台上的老师表演，我根本不习惯成为一名参与者。我开始本能地拒绝——手心冒汗，心跳加速，呼吸急促。

"来，大家拉起手围成一个圈吧。""男生女生交叉站啊，别分成男半球女半球啦。"老师轻松地布置了一项项任务，对于幼儿园的小朋友来说都很容易。但是，作为大学生，完成这几个动作是多么困难啊！我感到自己是一个长年躲在黑暗里窥探光明世界的人，忽然被别人推了一把，赤裸裸地暴露在了世人面前。

所有人都开始犹豫不决。

围成圈？为什么没人带头？那我要不要移动？那样会不会很突兀？人群开始像一堆蠕虫一样蠕动，扭扭捏捏，圈终于围好了。牵手？上了高中之后，我还与何人有过任何"肌肤之亲"吗？我上一次拥抱母亲是什么时候？我上一次挽着父亲的手臂是多久前？我跟陌生人握过手吗？现在要我和身旁素不相识的异性牵手？"不！"我在心里呐喊，仿佛一位孤独症小孩。理智让我的大脑发送了信号给感受器，我最终缓缓地抬起了手。旁边充满朝气的男生对我笑了笑，一把握住了我。一刹那，一道电流通过了我的全身。此时的我，却像一只炸毛的猫咪，被不知道什么安抚了，渐渐变得温顺。

嗯，我的心开始不那么慌乱了。好像做出点改变，和世界进行接触，也不那么难了！

下一秒，我被打脸了。非常难！因为接下来老师说："接下来3小时里，手机要锁在小黑屋里。"自从上了大学，除了洗澡、睡觉，几乎手机不离手，现代人不都这样吗？我打心眼里认定自己不可能离开手机3小时。我心里发毛，忽然意识到这跟瘾君子好像没有什么区别。

在接下来的3小时里，我的精神达到了前所未有的高度集中。到底集中到了什么程度？高考的时候，最紧张的理综考试上，我也不能说是所有时间都精神集中。然而，在这3小时里，谁说过什么话，脸上的表情，肢体的动作，我是一点也没落下，尽收眼里。为什么会这样？因为老师说："玩几个热身的小游戏，谁出错了，反应慢了，就学狗撒尿。"好一个狗撒尿，我一个女孩子形象何存？好一个热身游戏，玩完以后冒了一身冷汗。

3小时结束，我还沉浸在课堂中缓不过神来。我惊讶于自己的接受能力，3小时内我从害怕交流，害怕接触，害怕陌生环境，害怕犯错，迅速成长为可以随意交流，自然接触，肆意在地上打滚加模仿狗撒尿……忽然间我意识到，这应该就是大家常说的戏剧的魅力吧！完全专注，完全沉浸，完全释放自我……是一种艺术，也是一种生活态度。

我，一个"现代式社恐自闭"人，在一节戏剧课上，痊愈了。

> 春风有信
> 花开有期
> 永远不要在夜晚入睡前纠结那些你不可能找到答案的问题。

蜗牛和玫瑰树

□[丹麦]安徒生　译/佚　名

园子的四周是一圈榛子树丛，像一排篱笆。外面是田野和草地，有许多牛羊。园子的中间有一棵花繁的玫瑰树，树下有一只蜗牛。

"等着，等轮到我吧！"他说道，"我不只开花，不只结榛子，或者说不像牛羊一样只产奶，我要贡献更多的东西。"

"我真是对您大抱希望呢，"玫瑰树说道，"我斗胆请教一下，您什么时候兑现呢？"

"我得慢慢来，"蜗牛说道，"您总是那么着急！着急是不能成事的。"

第二年，蜗牛仍躺在玫瑰树下大体上同一个地方的太阳里。玫瑰树结了花骨朵，绽出花朵，总是那么清爽，那么新鲜。蜗牛伸出一半身子，探出他的触角，接着又把触角缩了回去。

夏天过去，秋天到来，玫瑰树还在开花，结花骨朵。一直到雪飘落下来，寒风呼啸，天气潮湿，玫瑰树垂向地面，蜗牛钻到地里。

接着又开始了新的一年，玫瑰树又吐芽抽枝，蜗牛也爬了出来。

"现在您已经成了老玫瑰树，"他说道，"您大约快要了结生命了。您把您的一切都给了世界，这是否有意义，是一个我没有时间考虑的问题。但很明显,您一点也没有为您的内在发展做过点什么。否则,您一定会另有作为的。您能否认吗?您很快便会变成光秃秃的枝子了!您明白我讲的吗?"

"您把我吓了一跳,"玫瑰树说道,"我从来没有想过这一点。"

"不错,看来您从来不太费神思考问题!您是否曾经考虑过,您为什么开花,开花是怎么一回事,为什么是这样而不是那样呢?"

"没有!"玫瑰树说道,"我在欢乐中开花,因为我只能这样。阳光是那样暖和,空气是那样新鲜,我吸吮清澈的露珠和猛烈的雨水,我呼吸,我生活!泥土往我体内注入一股力量,从上面涌来一股力量,我感到一阵幸福,总是那么新鲜,那么充分,因此我必须不断开花。那是我的生活,我只能这样!"

"您过的是一种很舒服的日子。"蜗牛说道。

"的确如此!我得到了一切!"玫瑰树说道,"但是您得到的更多!您是一个善于思考、思想深刻的生灵。您的禀赋极高,令世界吃惊。"

"这我压根儿就没有想过,"蜗牛说道,"世界与我并不相干!我和世界有什么关系?我自身与我身体的事就够多的了。"

"可是,我们不应该把我们最好的东西奉献给别人吗?把我们能拿出的!是啊,我只做到了拿出玫瑰来!可是您呢?您得到了那么多,您给了世界什么呢?您给它什么呢?"

> 即使你拥有人人羡慕的容貌,博览群书的才学,数不尽的财富,也不能证明你的强大,因为心的强大,才是真正的强大。

"孕妇效应"让你想啥就看见啥

□程 心

你是否有过这样的经历——

"不洗车不下雨，一洗车就下雨""千挑万选之后购买的衣服，走上大街才发现有这么多同款""在词典里学会了一个生僻词，不久便在各种文章和对话中频繁出现""突然想起一个很久没见的同学，过几天就在学校里碰见"……

这种奇妙的现象，心理学中称为"孕妇效应"（Maternal Effect）。这并非真的与孕妇有关，而是我们大脑玩的一个小把戏：一旦我们的注意力被某个事物吸引，我们就会在不经意间更加注意到它。

为什么我们的心智会这样捉弄我们？这种效应又是如何影响我们的日常决策和认知？让我们了解一下。

为啥叫"孕妇效应"

"孕妇效应"是一个心理学术语，源于这样一种观察：孕妇会更容易关注到其他孕妇，也就是说，当个体对特定事物高度关注时，似乎在生活中会更频繁地遇见或者注意到与该事物相关的信息或标志。

从科学角度来看，这种现象可以归结为两个认知误区：选择性注意与证实性偏差。

选择性注意是人脑信息处理中的一种筛选机制：现实生活中，我们每天都要面对繁多且复杂的信息，但是我们的注意力和精力都是有限的，所以大脑为了更高效地运转，就会选择性地优先收集那些我们更关注的东西，屏蔽那些对我们来说无关紧要的东西。与此同时，我们的感官也会配合着来执行。最后表现出来的现象就是，我们更容易看到、听到那些我们正在关注的东西。

证实性偏差则指的是人们更愿意接受与自己看法一致的信息，忽略与自己看法相悖的信息。简言之，就是对自己的见解只证"实"，不证"伪"。

"孕妇效应"如何影响我们

"孕妇效应"会带来如下几种积极的影响：

提升觉知能力：提高我们对特定事物的关注度，使我们更加专注于目标。

促进学习成长：当我们对某个领域产生兴趣时，"孕妇效应"可能会让我们感觉这个领域的信息无处不在，从而加速我们的学习和成长。

增强社交联系：当我们开始从事新的活动或爱好时，"孕妇效应"可能会让我们注意到更多有相同兴趣的人，从而建立新的社交联系和友谊。

提高决策效率：在做出购买决策或其他决策时，"孕妇效应"可能会帮助我们更快地识别和选择与我们关注点相关的信息。

它也会带来如下几种消极影响：

认知偏差：可能导致我们过分强调符合我们预期和信念的信息，而忽视了与之相反的证据，从而产生认知偏差。

决策失误：由于过分关注特定信息，我们可能会忽视其他重要的信息和观点，这可能导致不全面的决策和失误。

偏见强化：如果对某个社会群体或社会事件有先入为主的看法，可能就会开始注意到更多支持这一看法的例子，从而导致偏见加深。

"你眼中的世界取决于你的心"

下一次，在接收某个信息时，你不妨有意识地提醒自己，可能正受到"孕妇效应"的影响；其次，主动寻找和接触不同的信息和观点，这有助于我们更全面地了解；同时，学会用批判性的眼光去分析所接收的信息，不要轻易下结论；另外，要多与不同观点的人交流，听取他们的看法，这有助于我们发现自己可能忽视的重要信息，在做出决策时，不要急于下结论，最好等待一段时间，看看是否有新的证据出现；最后，保持好奇心和学习的态度，不断更新自己的知识系统。

春风有信 花开有期　所谓郁闷，就是灵魂失去了哄骗自己的能力。

目的颤抖和稀缺占用

□宗 宁

小时候课本里有个故事，是欧阳修写的《卖油翁》。讲一个射箭的人很骄傲，遇到一个卖油翁，卖油翁在油瓶口放了一枚铜钱，然后一勺油倒下去，油从钱孔中穿过，一点儿都没有溅到铜钱上。射箭的人很惊讶，卖油翁说了一句话："无他，但手熟尔。"

如果你有过穿针引线的经验，就会发现，你盯针孔盯得越紧，手就会越使劲，抖得也越厉害，这就叫"目的颤抖"。换句话说，目的性太强的时候，你就会开始颤抖，无所适从。

所谓"当局者迷，旁观者清"，大概就是这个道理。因为你身在其中，别人在旁边看。离得远一点儿，也就看得清楚一点儿。你离得越近，越专注，越看不清周围的东西，就可能陷得越深。所以，专注是好事，但是不要太专注，有一点儿高度和全局意识，有一点儿系统的价值观，会事半功倍。所以每当我看到那些像打了鸡血一样，扬言一定能成功、一定能赚钱、一定能"火"起来的人，虽然我比较欣赏他们的自信，但更多的还是怀疑最终的结局。目前的经验是，墨菲定律还是最有效的，就是如果倒霉事可能发生，那么最后就一定会发生。

哈佛大学有一项研究表明，稀缺的资源会占用你大量的注意力，然后导致这种资源对你来说更加稀缺。比如，贫穷的人缺的是金钱，而混得不错的人往往缺的是时间。二者惊人的一致性就是，你给穷人一些钱和给富人一些时间都无法彻底改变这种情况。因为在资源长期匮乏的情况下，人们对这些资源的追逐，已经完全吸引了他们的注意力，以致忽视了更有价值和创造性的东西。比如，在你特别穷的时候，你会把大部分精力放在如何省钱上，研究一些穷游攻略、如何在某某地方花多少钱生存的攻略、怎么生活更省钱攻略等。很多的省钱攻略，都会让人花大量的时间去研究，从而丧失更多的时间去研究如何能赚更多的钱。最可怕的是，他们还会扬扬得意地认为自己占便宜了。那些苦心研究手机性价比、无限对照参数的人，都会买一些"发烧"的手机；而对此不太在意的人，直接就会去买苹果或者三星手机，他们可能不懂手机，但肯定要比懂的那帮人会赚钱。时间宝贵的人情况也类似。比如有太多的事情要处理，就只能忙着一件一件去处理，而无法有一个宏观的思想去安排长久的工作，工作也就成了一种应急的模式。这种情况我体会蛮深的，所以我喜欢看电影的原因是，我可以在两个小时内什么也不想，专注地做一件事情，从而挽救我日益碎片化的注意力。

所以，古语有云，救急不救穷。因为你就是给穷人钱，他花掉之后还是会穷。大家缺的不是钱和时间，而是需要正常的思维和心智，减少过多的干扰和焦虑，淡定地对待，然后长远地思考。

所以，老爹一直告诉我，钱永远只是附加值。后来我一路实践过来，发现确实是这样的。当你开始踏实地去做一件事之后，坚持下来，慢慢地，你就会发现，价值有了，钱也就随之而来。

> **春风有信 花开有期**
>
> 好的书，好的东西，好的人，可以不拥有，可以远远地心动，可以不舍地看它被更用心的人承担走，最经不起的，是据为己有又束之高阁地辜负。

我低如尘埃，我心怀云彩

□7号同学

1

我一直在渴望被认同，所以才有了后来的学画事件。

我从小爱看漫画，那时艺术生在我们周围还是很有面子的。我并不是特别热爱美术这件事，但在内心强迫我去喜欢它，且说服了我的父母。但你们都知道，学画并不是一件简单的事，昂贵的学费和画笔颜料这样的消耗品都让我们这个普通家庭吃不消，因为我喜欢，爸妈咬咬牙，把我送到了一所更好的学校，又帮我联系了广州的画室，送我过去。

他们什么也没说，但我懂，他们与我同样渴望。

可惜，我又一次让他们失望了。

到了广州的第三个月，我发现自己根本不喜欢画画，它枯燥烦琐，很快我便失了耐心，可我不敢回家，每天也不去画画，窝在当时的出租屋——一间不到十五平方米的地下室里写作，也不知道写了什么，总之写完之后还是满意的，翻杂志看到有邮箱地址又匆匆去了网吧，把稿子转换成文档格式，发给了杂志社。发表了第一篇小说后，我离开了画室。

当然，没有人能理解我的行为，家人、朋友、同学皆觉得我的脑袋被门夹了。你要知道，在我们那个看课外书都天理不容的年代，不好好上学，不好好学画是多大的一件事。我懒得赘述当时的窘况，多少难听的话我都听了，多少难看的脸色我都看了，就连一向最疼我的爸爸也发了火，撕了我的书，烧了我当时写的草稿，电脑也被没收了。

有压迫，便有反抗，估计我的轴劲儿又犯了，越不被看好，我越是斗志昂扬。你觉得写作影响我成绩，我便白天认真听课和做作业，夜晚写作；你觉得我写的东西不忍直视，我就争取在作文上得高分；你觉得我会放弃，熬不了几天，我便咬牙坚持下来。这一坚持，便是六年。

2

经常有小读者问我，姐姐，我觉得自己没法集中精神学习；姐姐，我也想写稿，可是我写不好没时间；姐姐，我在学画，但是我好累，我想放弃了，姐姐，你说我该怎么办？

你应该问问你自己，你到底想要怎么做。

我并非没有苦难、迷茫和疲惫，几乎每一天都有一种负面情绪击中我，但比此更深、更执着的是我的心，我始终觉得，没有什么是我做不到的。没有时间，便少睡一会儿，你做不好这件事，便多下功夫去做，别人不认同，你更要去打动他。

如今，我已大学毕业，而我依旧坚持着每天写作的习惯。

出了几本书，虽然我现在仍旧没有什么名气，只有少数人知道，但我知道，会越来越好的，只要你不甘于碌碌无为，只要你愿意付出。

最近报了另一门课程，每天来回要坐两个小时车，早出晚归，妈妈说要不写稿你就放放吧，我说不。于是每天清晨五点半起来写稿，写完两千字后洗漱吃饭坐车上课。

并不是不辛苦，好几次也偷偷躲在被窝里哭过骂过，何必这么折腾自己，懵懵懂懂也不是活不下去。但很快，我就给自己找到了答案，我不愿将就，我想要更好。无论是以前，还是现在。

许多人而今都不记得曾经看轻过我，见到我会亲切地寒暄，不吝于夸奖。我记得自己说过要狠狠反击他们，但大多是一笑而过，不是放下了不在乎，只是我已经找准了自己的位置，他们影响不了我。

你说我不好，我不会相信；你说我很好，我也不会当真。我自己是怎样的，我都知道。

不要总是弱化自己的力量，当然，也不能把自己捧得太高。

我低如尘埃，我心怀云彩。

你必须不屈不挠地去实现对自己的祝福。

"我觉得你不喜欢我"

□ 曾 旻

"我觉得你不喜欢我。"刚坐下,来访者A说出了这句话。医生给她做的诊断是抑郁状态,伴随焦虑状态。

心理咨询师很疑惑地问:"你怎么感觉到的呢?"

A变得警惕起来,看上去有些气愤:"算了。我知道你不会承认。"气氛顿时有点紧张。

"很遗憾我让你感觉到不被喜欢,我很好奇是什么让你有这样的感觉?"心理咨询师继续追问A的感受。

"我也不知道,但是我见你看我的眼神,就觉得你好像在看一堆垃圾一样。"A低头沉默了几秒钟,小心翼翼地给出了答案。

咨询师并不惊讶,保持着平静自然的语气:"我很抱歉让你感觉这么糟糕。我能问问,你对这种感觉熟悉吗?"

"当然熟悉了,这几年我每天都觉得被人嫌弃。"说起被讨厌的感受,A打开了话匣子,从半年前分手的男朋友,到中学时的班主任老师、小学时的同桌……最后说到这二十多年来,躲也躲不开的父母。似乎在A的世界里,没有人是喜欢她的。

她的讲述令咨询师震惊:无法想象一个人如果活在身边每个人都讨厌和嫌弃自己的世界中,会有多么可怕——好像只在电影里出现过这样的桥段,比如《被嫌弃的松子的一生》。

同时,咨询师脑海中冒出了另一个声音:她说的故事不见得都是真相,就像她刚刚见到我就觉得我不喜欢她一样——这并不是事实。

有时候,人们内心的"主观事实"和客观发生的"外部事实"并不一致。因为"主观事实"并不总是取决于当下正在发生的事情,还常常受到过去发生的事情的影响。所谓"一朝被蛇咬，十年怕井绳"，一次感到强烈冲击的被嫌弃经历，可能带来的是对周围所有人的警惕——担心厌恶的目光随时袭来。

于是，生活中被讨厌、被嫌弃的经历都被精确捕捉到了，而那些不被嫌弃、不被拒绝的时刻被一一忽略。久而久之，A活得如"被嫌弃的松子"一般。

彼得·福纳吉（Peter Fonagy）在20世纪90年代提出了一个重要概念，叫作"心智化"，成为新世纪心理治疗中非常具有影响力的一股潮流。所谓"心智化"，是指人们如何理解自己和他人的内心世界。换句话说，"心智化"是为"心理过程"建立一个模型：人类的"心理过程"是看不见的，我们看到的只是他人的行为，据此去推断对方的动机、情绪、需求和渴望等内心世界。

如何通过外在行为推断他人内心呢？每个人都有自己的一套模型。当一个人的心智化水平偏低的时候，往往是说他的这套模型总是"曲解"别人的意图。就像A刚刚走进咨询室，就推断咨询师不喜欢自己。

我们如何理解他人，并通过他人去理解自己，这是心智化能力的核心。这种能力源于和父母的依恋关系，我们能够很好地理解父母的意图，在他们的照顾中感到安全，便能把这种能力迁移到周围的关系中。

可是，如果这种能力受到了削弱，就无法改变了吗？也并非如此，正如彼得·福纳吉所说："当你感到孤独时，逆境会变成创伤。如果你有良好的人际关系，他们实际上会帮助你消化吸收这种经历。"所以，真正的疗愈在关系中。一段良好的人际关系，可以帮助一个人提升心智化能力。

有些陷入痛苦的人常常抱怨："世界对我充满恶意！"可实际上"世界是无意的"。

苦难磨炼一些人，也毁灭另一些人。

你就输在"假装努力"

□北辰冰冰

1

上学的时候，总会遇到一些特别勤快的同学，小海就是其中一个。

他上课的时候总是忙于摘抄老师黑板上的笔记，下课忙于询问这次考高分的学霸同桌，用的是什么新课外辅导书，然后急匆匆赶去书店也买回一套摆在桌面。

但是到了考试，勤快的小海同学并没有考出好的成绩。上一次考过的类型，他这次还是做错了。

他百思不得其解，笔记也抄了，辅导书也买了，为什么成绩还是上不去？学霸同桌就问他："上次老师把错题讲解之后，你把笔记抄下来，有没有认真思考过解题方法，把原理弄懂？"

小海摇摇头："我都忙着抄笔记，哪有时间去仔细看呢！"难怪有人抄了这么多笔记，依然考不出好成绩。

都说天道酬勤，然而没有摸清原理的勤，并不能带来任何实质的改变。他们只是用时间制造了一种假象，好像时间都花在了学习上，但是这种学习就是无用功，没有经过大脑的认真思考，只是走过场。

2

毕业以后，也遇到过这种看起来很勤奋，但是学习效率很低的同事。

凡凡想学好英语，提高职场竞争力。

偶尔在地铁上遇到她，她戴着耳机在听英文原声新闻。我看着周围嘈杂的环境，真的很怀疑她能听进去多少。果不其然，她看似很认真地听着，但是一直到处张望，偶尔问我几句中午吃啥或者晚上要干啥。

如此不走心的学习，不过是拿耳机在做自我安慰，蒙骗自己。

她周末也待在家里，推掉约会，说自己要背单词，现在正在背一些动物的单词，看着挺有意思。

周一碰到她时，我就忍不住夸她爱学习，周末都不放过，然后随意问了一句鳄鱼的英文怎么说。她一脸蒙，然后绞尽脑汁地说："我昨天确实看过这个单词来着，怎么今天一点都想不起来？"

我用略带尴尬又不失礼貌的眼神看着她："遗忘是难免的，不过你昨天背单词的时候，只是看了几次这个单词吗？"

她轻松地回答："对啊，读书百遍，其义自见。我多看几次，肯定能把这个单词背下来的。"

不知道我以前背单词的方法是不是比较笨，反正我是把单词抄了很多遍，然后每次都会把英文盖住，看中文写英文，或者是看英文写中文，这样反复多次，才记得住。反正对我来说，光看几次只能算是走马观花，不入脑不走心。

过了半年，凡凡彻底放弃了学英文，她总说单词好难记啊，自己真是年龄越来越大，记忆力越来越差。

3

都在说"一万个小时定律"，即一件事情，做上一万个小时，就能变成这个领域的专家了。

但是楼下那位扫地的大爷，干了三十几年的清洁工，也没有变成传说中的扫地僧。

大爷不过就是一直在重复相同的体力劳动，大脑并没有得到很好的使用。

只有经过思考的时间积累，才能取得良好的效果。

否则，别说是一万个小时，即便是三十万个小时，也很难在需要动脑的事情当中有所突破。

别让勤快的表象欺骗了自己，认真思考过的人生，才有可能走得更快更好。

> 春风有信
> 花开有期
>
> 我并不期待人生可以过得很顺利，但我希望碰到人生难关的时候，自己可以是它的对手。

别怕道歉，其实人类天生爱原谅

□张树婧

有一句歌词是这样的，"道歉是最难的词"。但是，《自然人类行为》杂志的一项研究发现，我们不愿意相信别人天生就是坏人，即使曾经做过某些不道德的事，一旦对方悔改，立刻就会改变印象。

心理学家解释说，这种宽恕可能是因为草率否定一个人，会失去很多人际交往带来的好处，那么权衡利弊之下，宽恕其实更有利。

这项研究由耶鲁大学、牛津大学和伦敦大学学院共同进行。研究发现，善于发现别人的优点，看到别人好的一面是人类的天性，我们会倾向于相信一个平时品行端正的人确实内心正直，而对于做了出格事情的人，只要他们稍加悔改就会立马改观。

耶鲁大学的助理教授茉莉·克罗克特说："大脑会以一种容易宽恕的方式形成社会印象，人们有时候表现得不好，但是我们会及时更新对方糟糕的表现。"否则，如果对别人的认知还停留在其错误的时刻，我们可能过早结束人际关系，错过这段社会关系带来的诸多好处。

研究人员表示，宽恕对发展和维持社会关系至关重要。这不仅原谅了他人，更重要的是也原谅了自己。而且，人们会相信第一印象就很好的陌生人，并且不会轻易更改。相反，如果对对方的第一印象有点糟糕，就不会如此根深蒂固，反而会因为一点小事而发生改观。

由于人类是社会性动物，需要维系广泛的社会关系，这种社会属性让我们容易忽视别人的小缺点和问题。就像古话说的那样"水至清则无鱼，人至察则无徒"。所以，其实对不起没有那么难说出口，在我们内心纠结的时候，可能对方早已经原谅了，有些不必要的矛盾就是由误解产生的。

山不过来，我就过去。

尊重情绪

□桃知了

我们从小就被教导要尊重他人的信仰、爱好，但很少有人告诉我们，尊重别人的情绪，尊重那些恐惧和悲伤，同样重要。

可能每个人都遇到过这样的时刻：生来就害怕某样东西，结果被人嘲笑——"这有什么好害怕的"；因为某件事情而感到悲伤，结果被人讥讽——"这有什么值得难过的"。

可生而为人，不可能无所畏惧，也没有人会永远斗志昂扬。在不影响他人的情况下，任何人都应该拥有情绪自由的权利——我可以快乐也可以消沉，我可以勇敢也可以害怕。

我可以因为甜筒掉到地上而伤心落泪，也可以因为看到毛毛虫而恐惧发抖。每个人都有不同的性格与经历，若完全站在自己的立场去揣度别人，然后指责别人小题大做，是一种无礼和傲慢。

曾经有很要好的朋友对我说："如果你感到恐惧，或者想要哭泣，我永远默然在旁。"对此，我感激至今。

有些人是这样的，在还没有使出一招一式之前就已受伤，然而她手上是握有全副王牌的。

如何拍出最佳掌声

□袁则明

据说在2000多年前的古罗马，经常发生战争，有一支蛮族部队的士兵，在首领讲完话或发出号召后，都会敲击手中的武器，以示支持。这种敲击的做法比呐喊更有声势，所以罗马士兵也渐渐学会，最后演变成了"鼓掌"。

从此，鼓掌成了一种肢体语言。掌声不再是士兵专用，鼓励、欢迎或高兴时，人们都会鼓掌。在19世纪的法国，有些人甚至以鼓掌为职业，只要拍出的掌声热烈，就能获得报酬和免费门票。那么，怎样才能拍出最佳掌声，让对方感觉到你的热情洋溢呢？

希腊克里特科技大学的一位工程师在教授声学课时发现，很多学生都觉得测量声音的设备太昂贵，希望用一种更简单的方法来替代。于是，这位工程师在学生提出的众多建议中选择了拍手，因为拍手不仅不需要花钱，而且声音短暂又响亮，十分符合研究人员对声源的要求。

为了检测拍手的声音与昂贵的声学设备是否具有相同的效果，研究人员让20多名学生在至少11种不同的手势配置下，在不同的场地，用一只手拍打另一只手。每一种手势的配置，区别在于两只手掌之间的角度、一只手的手指与另一只手的手指或手掌的重叠程度。

研究人员还规定，被拍打的手掌要伸直，让另一手掌变换不同手势来拍打，如完全重叠、部分重叠、呈45度角等，手形可以伸直，或呈圆顶状，或略呈圆顶状等。

通过检测发现，双手手掌交叉呈45度角左右时，若手掌部分重叠，则拍手的声音最响亮，平均声压级为85.2分贝；若手掌完全重叠，拍手的声音最小。

但是，提到声音，声音的大小不是唯一的标准，频率也非常重要。我们知道，声音的响度由振幅决定，频率则决定了声音的音调。

　　研究人员通过不断地将振幅和频率进行对比分析，最后确定，将双手保持45度角，手掌完全重叠并略微呈圆顶状是最佳鼓掌手势。虽然这种拍手方式产生的音调特别低，但能产生亥姆霍兹共振。

　　亥姆霍兹共振指的是空气在一个腔中的共振现象。德国物理学家赫尔曼·冯·亥姆霍兹将海螺贴在耳边时，听到了一种神秘的"海洋声音"。随后，他在多次实验中发现，空气在某种特定容器中会引发神奇的共振。于是他设计并命名了亥姆霍兹共振器。这种共振器有一个已知容积的刚性容器，形状非常接近球形，容器一端有一个细口，另外一端开了一个大口，为了让声音进入。

　　这种形状与双手保持45度角，手掌完全重叠并略微呈圆顶状的手势相似。因拇指周围留有一点空隙，两掌之间就形成了一个小的封闭空间，它通过吸收环境中的声音而使得掌心那缕空气产生振动，从而得到一个共振频率，使得声音更大。

　　当你用这种方式鼓掌时，虽然声音的频率较低，但这种共振频率发出的声音既短暂又响亮，同时能因为频率特殊而在复杂的声音环境中被分辨出来。所以，你用这种手势鼓掌，就容易在众多鼓掌的人中被注意到，从而更能让人感觉到你的热情洋溢。

> 春风有信
> 花开有期
>
> 脆弱往往是由太依赖别人造成的，如果你足够自爱自立，你就既有了承受不幸的能力，也有了争取幸福的能力。

在小河里捞大鱼

□祝师基

巴黎有个年轻的画家，很想把自己推销出去。于是，他倾尽家产，又向朋友借钱，准备在巴黎著名的艺术街上开办一间画廊，专门展示自己的作品。他以为这样做，很快就能提高知名度，得到大家的认可，赢得显赫的名声和大量的财富。

然而，等他真的在艺术街上一个不显眼的角落开办了画廊之后，才发现一个残酷的事实。原来，在艺术街上，像他这种小画廊根本没有什么人进门，他无法与那些已成规模、实力雄厚的画廊共同分享艺术带来的可观利润。

就这样，在苦苦守望了几个月后，他决定关门大吉。

临关门前的这天下午，心情烦闷的他来到街头一家小咖啡馆。望着来来往往、川流不息的客人，他一杯咖啡喝了近半个小时。

他发现，这虽然是个小小的咖啡屋，但客流量相当大。他大致统计了一下，近半个小时在咖啡屋里来往的客人，超过了在艺术街所有那些华丽画廊里来往的客人总和。既然如此，自己为何不在艺术街上开办一家咖啡屋呢？

一个星期后，在这条长长的艺术街上，出现了一家小小的咖啡屋，虽然并不显眼，但咖啡的香气足以吸引过往的客人。当大家坐下喝着咖啡的时候，又会惊奇地发现，这里四周墙壁上竟挂满了一幅幅很有创意且精美的画作。边品尝可口的咖啡，边欣赏这些动人的绘画，客人们陶醉了。

就这样，他的咖啡屋门庭若市，客人中有不少投资者。不久，一个惊人的消息在艺术街上传开了：那个开咖啡屋的老板竟是画家！这下，他的作品也被抢购一空。画家以独特的方式在高手如林的竞争中胜利了。

看来经营并非越大越好，与其在大河里捞小鱼，不如在小河里捞大鱼。

春风有信 花开有期　世界上只有1%的人明白真相，剩下的99%的人的三观是被塑造的，他们只负责站队。

改进1%的力量

□陈志宇

英国自行车车手自1908年之后近百年时间，在竞技比赛中几无建树。2003年，英国职业自行车协会聘请了一位叫戴夫·布雷斯福德的教练。

让所有人犯嘀咕的是，布雷斯福德接手车队后并没有大刀阔斧地针对车手的训练计划做出改进，而是一直做一些好像无关紧要的工作。

他聘请外科医生教骑手最佳洗手方式，为每位骑手选配不同的枕头和床垫，将团队卡车内部漆成白色，测试不同的按摩凝胶，重新设计车座，唯独对训练只字不提。

惊人的转变发生在5年后。2008年北京奥运会，英国自行车队在公路自行车项目上取得了金牌；4年后在伦敦奥运会本土作战，成绩再攀高峰，打破了9项奥运会纪录和7项世界纪录。

布雷斯福德究竟做了什么让英国自行车队接连突破，出尽风头？他讲述道："从根本上看，我们遵循着这样一条原则，就是把骑自行车的整个环节分解开来，然后把每个分解出来的部分改进1%，当把各个部分的改进汇总后，你会发现整体水平显著提高了。"

他教骑手洗手方式是为了避免骑手被流行病伤害；选配枕头、床垫以保证骑手的睡眠舒适度；卡车内部被涂成白色是为了看清灰尘，而灰尘会影响车子的机械调节；为骑手按摩可使骑手训练后肌肉更快放松；贴合的车座能使骑手更长久地骑行。

所有1%的改进汇总在一起，让英国自行车队整个训练系统焕然一新，从而实现百年未有的突破。

> 春风有信
> 花开有期
>
> 人要是一赌上气，就忘记了事情的初衷；只想能气着别人，忘记也耽误了自己。

暗示的力量

□刘荒田

蔡澜先生写过一篇提纲挈领式的《吃的讲义》，文中道及：

全世界的东西都给你尝遍了，哪一种最好吃？

笑话。怎么尝得遍？看地图，那么多的小镇，再做三辈子的人也没办法走完。有些菜名，听都没听过。

对于这个问题，我多数回答："和女朋友吃的东西最好吃。"

也许不少读者会罗列各种证据予以驳斥，随便说一条：不名一文时和女朋友一起咽的糠也算吗？然而，排除极端事例，仅局限于美食，蔡澜此说是成立的。"有情饮水饱"并不意味着"有情饮水甜"。

和你一起吃饭的女朋友，有可能是你未来的妻子，有可能是你一生几位恋人中的一位。大凡恋爱，男女双方必须具备一个基础，那就是名为"苯氨基丙酸"的化学物质，是它使人六神无主。如胶似漆的两个人一起吃饭，无论是豪华餐厅的烛光晚餐、路边摊的烤羊肉串还是一方"露两手"的家常菜，在苯氨基丙酸的催化下，都堪称"佳肴"。

蔡澜的这个回答，让我想起闻一多所作现代诗《一句话》的开头："有一句话说出就是祸，有一句话能点得着火。""这一句"回答背后，隐藏着多少信息？至少五条：身体健壮、胃口奇佳、精神昂扬、氛围浪漫、有或多或少的钱。缺少哪一条，食物的味道都会受影响。倒过来看，当你说出"和女朋友吃的东西最好吃"时，五条尽在不言中。

这就是暗示的力量。孤立地看，日常会话乃至文学作品中那些平白的陈叙，例如"她打碎了一只青花碗""我吃了一只茶叶蛋"，未必会启发不知内情者的联想。但单从"轮椅上坐着的男人，穿褪了色的军装，一只裤腿软塌塌地拖在轮子旁边"，就能品出许多意味：他曾是一名战士，他在战争中失去了一条腿。进而，我们想起他的英雄事迹，产生崇高的敬意。

且作一比较。甲是乙过去的校友，你是乙现在的朋友，甲关心乙，向你打听乙的近况。如果甲没空多听，你答以简洁的话语："乙和太太去巴黎旅游了。"甲满足地点头，通过这句话他明白了乙的身体不错、心情不错、经济状况不错、家庭关系不错。你在万里之外忙碌，爱唠叨的妈妈急着了解你的近况，从身体状况、心理境况到经济情况，你只要说一句"我在健身房锻炼"，她就不会没完没了地追问了。

以暗示让人产生联想的"一句话"，算得上高级的文学语言。在这方面，王鼎钧先生发出警告："古人看见圆扇想起团圆别离，今人看见冷气机能想起什么？古人看见野草想起小人，今人看见高尔夫球场的草坪能想起什么？古人夜半听见秋虫的鸣声想起纺织，今人夜半听见货柜大卡车的喇叭响又能想起什么？"

除非你的知识宝库中有相关储备，能连接历史和当下；除非你有跨越时空的哲思，能把琐碎而庸俗的现实过滤、提炼，要不你就得在"见山就是山"的怪圈里转个没完。好在有出路，那就是重新建立"暗示系统"。

春风有信 花开有期　骄傲多半不外乎我们对我们自己的估价，虚荣却牵涉到我们希望别人对我们的看法。

娇 惯

□ [德] 叔本华 译/韦启昌

常人在这一方面跟小孩相似：如果我们娇惯他们，他们就会变得淘气、顽皮。所以，我们不能太过迁就和顺从任何人。一般来说，假如我们拒绝借钱给一个朋友，那我们不会失去这个朋友；但如果借钱给他，那我们反倒很容易失去他。同样，如果我们对朋友保持一定的傲气和疏忽、大大咧咧的态度，那我们不会轻易失去他们；但如果我们表现出太多的礼貌和周到，我们反而有可能失去这些朋友，因为我们的礼貌和殷勤会使朋友变得傲慢、令人难以容忍。

> 很奇怪，我们不屑与他人为伍，却又害怕自己与众不同。

第五辑

熬过低谷，
繁华自现

我是落榜了，但我逆袭了啊

□金陵小岱

高考成绩放榜，考上大学的自然是春风得意，那么没考上大学的就一定要愁云惨淡吗？

当然不至于，条条大路通罗马，古代这些著名落榜生用亲身经验告诉你：人生的路往往是从低谷才算作起点，遭遇过挫折的人生，一旦逆袭，结果总是会超出想象。

罗隐：十上不第，写小品文成为文坛意见领袖

在唐朝，假如一个诗人没有落过榜，反而会在这段文学史里显得有些格格不入。但连续落榜十次这种事，也就罗隐才干得出来，难怪他能写出"今朝有酒今朝醉，明日愁来明日愁"这样的诗句。

连续落榜十次，是科举太难，还是才华不够？

相反，罗隐与大多数著名诗人一样，从小就以才学出名，诗和文章都很出众，为时人所推崇，就连当时的宰相郑畋和李蔚都很欣赏他。按理说，罗隐实力是有的，名气是有的，人脉也是有的，那么为何会落个"十上不第"的下场？

问题就出在罗隐不会写应试作文，总是不按照范文的套路作文，字里行间都透露着狂妄。阅卷老师一看就头痛，直接给他打了个不及格。

罗隐并不是没有意识到自己的问题，但他是个很有个性的人，一定要坚持做自己。在被戴上了"十上不第"的帽子后，罗隐不再强求了，开始做自媒体，开了个公众号叫《谗书》，专门写讽刺小品文。

他的讽刺小品文成就极高，堪称古代小品文的奇葩，嬉笑怒骂、涉笔成趣，显示了他对现实的强烈批判精神和杰出的讽刺艺术才能。用他的话说就是"愤懑不平之言，不遇于当世而无所以泄其怒之所作"，字字句句都透着

罗隐的那一颗赤子之心。

连续十次没考中进士又如何？千百年后，这个当年的文坛意见领袖，这个写《谗书》的大V，仍然在持续拥有着千百万粉丝。

李时珍：三次落榜，行医多年著成《本草纲目》

与如今很多家长一样，自己干哪行，就觉得哪行辛苦，总不希望孩子走自己的老路。出身于医学世家的李时珍曾经一度被要求通过科举考试获取功名，从而走上仕途，实在不行再学医。然而李时珍在考中秀才后，考运就很差，连续三次落榜。

好在科举考试不是李时珍的执念，李时珍的父亲也懂得"事不过三"的道理，全家举人梦破碎后，李时珍开始学医。兴趣是最好的老师，不出四年，李时珍就已经在医学的领域里如鱼得水，可以独自行医，并且医名日盛。

在李时珍33岁那年，他还曾因为治好了富顺王朱厚焜儿子的病而医名大显，被武昌的楚王朱英裣聘为王府的"奉祠正"，兼管良医所事务。五年后，李时珍又被推荐到太医院工作被授予"太医院判"职务。又过了三年，李时珍又被推荐上京任太医院判，然而他仅仅任职一年，就辞职回乡。

辞职回乡的李时珍先是坐堂行医，后又总结自己十年行医以及阅读医籍的经历，发现古代本草书中存在不少错误，决心重新编纂一部本草书籍。就这样，李时珍以《证类本草》为蓝本，参考了800多部书籍，其间还多次离家外出考察，踏遍了山山水水，弄清了许多疑难问题，这才有了被称为"16世纪的中国的百科全书""东方药学巨典"的医学巨著《本草纲目》的诞生。

高考是一场很重要的考试，但用整个人生的长度与宽度去衡量，高考带给人生的作用又不一定那么重要。落榜又怎样，终究不过是一场考试，古代人能逆袭，你也可以。

> **要往前走**
> **朝着光走**
>
> 如果你累了，学会休息，而不是放弃。

控制自己的梦想

□林　庭

我在阅读《我的天才女友》时，捕捉到了一个词——控制梦想。书中的人物之一莉拉，是一位从小就比别人聪明、比别人有想法的姑娘。亲近她的人一边恨她，一边爱她；一边模仿她，一边被她影响着。

莉拉的哥哥里诺便是被影响的人之一。里诺是一个鞋匠，不切实际地认为只要做出莉拉设计的鞋子，就能马上变得有钱，成为小老板。

但莉拉说："也许，我让他产生了一种不切实际的梦想，现在他没法控制它。"那本来是莉拉的梦想，她觉得可以实现。她哥哥是实现这个梦想的重要环节。她很爱自己的哥哥，哥哥比她大6岁，她不想把他变成一个无法控制自己梦想的男孩。

读到这里，我其实是有点吃惊的，常听别人说"你要有梦想"，却很少听说要"控制梦想"。我本来以为这两者是矛盾的，后来想了想，"没有梦想"和"拥有一个不切实际的梦想"好像没有什么差别。梦想也是需要控制的，不然会让人发狂。

我们也会受到身边人的影响，误以为有些梦想很容易实现，这一点在网络上深有体现。网络信息传播很快、很广，都是以同一种方式把大家的生活呈现出来，久而久之，会让人产生一种平面化的想法——我们的层次是一样的，只需要按照别人的道路走，就可以成为他们那样的人，他们能做到的我也能做到。这种想法是很不合理的。

若对万事万物皆有欲，梦想便会成为囚笼、负担。你可以成为野心家，但你要付诸行动，并且是在条件允许的情况下行动。每个生命的发展路径都不一样，控制梦想，修剪那些不切实际的细枝末节，有些会长成参天大树遮风挡雨，有些会长成墙边的小花仅供观赏，无论是哪种，适合自己最重要。

生活越是空白，就越容易被那些离开的人占据。

抬头与努力

□ 黄超鹏

身边有个朋友，常向我抱怨自己怀才不遇。说实话，朋友满腹经纶，琴棋书画样样擅长，算得上有才之人。可他的生活，却如歌手毛不易歌中所唱到的一样："像我这样优秀的人，本该灿烂过一生。怎么二十多年到头来，还在人海里浮沉？"

我知道朋友很迷茫，也知道他为何迷茫。他是很努力，但他努力的同时，没有走出去。有才的人有傲气，总认为金子放在哪里都会发光，盲目地认为酒香不怕巷子深。最终往往作茧自缚，一辈子活在自我封闭的躯壳里，永远不被人看到。

世间千里马常有，而且非常多。老生活在马厩里的千里马让伯乐看到的机会微之又微。所以，成为千里马的第一步应该是走出去。

走出去后，不是埋头猛跑，就能追上别人。俗语道，低头拉车，抬头看路。低头努力的同时也要抬头看清前方的道路，目标要明确，方向要正确。不然，走上与伯乐背道而驰的道路，走一万年也难遇到伯乐。不看路，会走上歧路、岔路、弯路，浪费更多时间，甚至搭上大好年华。

当然，也别过分迷信方向和机会比努力重要。如果你一路只抬头，脚下不努力，别人分分钟能追赶上你，超越你。有了方向和机会，不要趾高气扬，抬着头看人，小心脚下的陷阱和坑。另外，倘若把精力都放在寻找道路上，太多的方向和道路有时会让你更加迷失，这条路没有坚持走下去，又想走另外一条，顾此失彼，贪多嚼不烂，还不如只走一条道，发奋去实现目标。

偶尔抬头，常常努力，方是人生成功的正确步伐。

> 要往前走
> 朝着光走
>
> 对待自己温柔一点，你只不过是宇宙的孩子，与植物、星辰没什么两样。

那些小说教我的事

□陈 沐

有一本关于食品的书上讲，一位妈妈注意到她女儿拿回家的便当盒太干净了。询问后才知，女儿的中学同学们觉得在便利店买的便当才够档次，而妈妈亲手做的饭则太寒碜：颜色暗淡，汤汁满溢。女儿于是在上学途中的便利店里倒掉妈妈的便当，然后在那里买了便当去上学。最初看到这一段，我觉得这些孩子太可恶了！虚荣、愚蠢、薄情，怎么能够把妈妈辛苦做的便当倒掉呢？

但是某一天，忽然看到《平凡的世界》中有这么一段："对孙少平来说，这些也许都还能忍受。他现在感到最痛苦的是由于贫困而给自尊心所带来的伤害。他已经十七岁了，胸腔里跳动着一颗敏感而羞怯的心。他渴望穿一身体面的衣裳在女同学的面前；他愿自己每天排在买饭的队伍里，也能和别人一样领一份乙菜，并且每顿饭能搭配一个白馍或者黄馍。这不仅是为了嘴馋，而是为了活得尊严。"

这段话让我想起自己的中学时代。父母不想让我养成"爱慕虚荣"的习惯，加上当时身材偏胖，所以我的衣着总是很俭朴，经常穿着母亲的旧衣。他们一遍遍地向亲友夸我"朴素"，我越发不好意思开口要新衣。但是心里面，一直都很羡慕那些身材匀称，穿着漂亮衣服的女孩。有一次母亲出差几天，我就把一些不符合我平日着装风格的衣服穿去上学，一天换一套，内心像度假期一样雀跃，觉得自己更好看了。等到她回家，我便把那些衣服收起来，依旧穿着宽大的旧衣服去上学。

现在想起来，少年时代对服饰或者饮食的在乎，很大程度上只是希望跟大家一样，被同龄人接纳。而所谓的价值观、人生观之类宏大的命题，那是后来的事情。上了大学之后，他们会选修传统文化讲座、读《瓦尔登湖》；

会见识不施粉黛的女学者以及"穿布鞋上课的院士"……于是他们的人生开始有了不一样的追求。而所有这些，并不是普通中学生日常生活所能及，他们的生活单调重复，除了学业大概也只有衣食。所以他们在乎衣服与饮食的体面，并将之视作尊严的象征，实在是再自然不过的事情。即便是那么善良、懂事、上进的少平，在十七岁时也不过是"渴望穿一身体面的衣裳在女同学的面前"以及"领一份乙菜"。

再回到那本讲食品的书。一位食品工程师给中学生作演讲，演示了"增添多糖类凝固汤汁，不让沙拉的汁液流出来"以及"用染色剂将腌咸萝卜染成漂亮的纯黄色"的实验，孩子们受到很大冲击：妈妈辛苦做饭，只是为了让我们吃到不加添加剂的天然午餐！我们却嫌弃它汤水多、颜色不好看。"从明天起我要大大方方地把妈妈做的便当带到学校来，一边炫耀一边吃"。

孩子的心，太容易被成人误解。幸好还有小说，让我跨过时间的沟壑，回忆起那些单纯柔软的少年心思。

> 要往前走 朝着光走
>
> 当你打算放弃梦想时，告诉自己再多撑一天，一个星期，一个月，再多撑一年吧，你会发现，拒绝退场的结果令人惊讶。

下台的时候，一定要好看

□黑猫墨墨

语文老师在给我们讲《孔雀东南飞》的时候，说到刘兰芝被焦仲卿的妈妈赶出家门，以后可能会被整个社会耻笑。临行之际："鸡鸣外欲曙，新妇起严妆。著我绣夹裙，事事四五通。足下蹑丝履，头上玳瑁光。腰若流纨素，耳著明月珰。指如削葱根，口如含朱丹。纤纤作细步，精妙世无双。"

之后"上堂拜阿母，阿母怒不止"。

老师问我们，为什么阿母要"怒不止"？

然后，她自答：因为，阿母以为刘兰芝受到这样的重创，也许会失魂落魄，也许会灰头土脸，也许会痛哭流涕，也许会婢膝求饶。可是她唯独没有想到，刘兰芝"纤纤作细步，精妙世无双"。

说到这里，老师停了一下，她说：你们要记得，在你的一生当中，可能有无数次机会登台、亮相、演出、谢幕。当你登台的时候，你可能紧张、可能出错、可能仓促、可能不完美，但是当你下台的时候，不论最后的结果如何，一定要完美谢幕。

下台的时候，一定要好看。

> 要往前走
> 朝着光走
>
> 这个世界后来会证明，有别人会告诉你：你是一个很珍贵的人，你是一个很棒的人，你是一个了不起的人。

恐龙大灭绝时期鸟类是如何幸存的

□浩 源

大约在6500万年前，由于陨石撞击地球和火山爆发使地球终年不见天日，依赖光合作用的植物大量死亡。由此导致了恐龙的灭绝。当时应该已出现的早期古鸟类，却得以幸存。

近日，中国科学院古脊椎所等单位的研究人员，对与鸟类亲缘关系最接近的非鸟类恐龙及古鸟类的牙齿演化特征进行了探讨，揭示两者之间食性的差异很可能是鸟类幸存至今的关键。

研究人员通过同步辐射的高解析穿透式X射线显微镜，对伤齿龙、近鸟龙、小盗龙等小型非鸟类恐龙以及包括今鸟类、反鸟类、会鸟、热河鸟在内的古鸟类的牙齿，进行了微结构上的对比观察和研究。他们发现，尽管简单的釉质层在早期古鸟类中都有保留，但牙釉质与牙本质之间的多孔罩牙本质层皆已消失。

多孔罩牙本质层被认为是肉食性恐龙牙齿中发育出来的，是一种能够避免其在掠食过程中牙齿断裂的特殊避震保护结构。不仅古鸟类，本次研究的一种小盗龙标本的罩牙本质层也已经消失。这意味着鸟类与部分亲缘关系相近的恐龙的牙齿，都已不再需要特殊的保护结构。这间接证实了其饮食习惯与肉食性恐龙已产生了极大差异，从而能适应恶劣的环境变化。

它们可能正是通过食性转换避开了与肉食性恐龙对食物生态位的竞争，适应能力才得到极大提高，也因此度过了最艰难的时刻。

> 要往前走
> 朝着光走
>
> 当一个人处于不能克服无法避免的痛苦中时，就会习惯这种痛苦，甚至把它看成幸福。

你一定得让我后悔

□丘艳荣

开学的第一天，主任领着一名学生过来："杨老师啊，这个学生是转学生，校长说就分在你们班吧！家长特地请求放在你班上的。"我为难地说："主任，您也知道我们班上是超编又超编的，再摆张桌子，最后排的学生就靠着墙了。五班和七班不是人数稍少一点吗？您跟五班和七班班主任商量一下行吗？"

主任望向教室，教室里真有点"人满为患"的感觉。他叹口气说："那好吧！我带到七班去。"那孩子突然开口了，说："老师，你会后悔的！"

我愣了下，看着这个孩子，然后我笑了。这话说得好有个性！孩子长得虎头虎脑的，一双眼睛甚是机灵。我还没来得及跟这个孩子说点什么，上课铃响了，我赶紧进了教室。

很快，开学三个星期了。我突然想起那个孩子，我在级组会结束后跟一旁七班的班主任聊了一会儿，顺便问起了那个孩子的学习情况。

"你说山子啊？那孩子一来看上去就有点自以为是的样子。还说他在以前的学校总是考第一，年年三好。结果第一单元一考出来，数学、语文、英语的成绩都一塌糊涂。乡下的教学水平跟我们城里怎么能比！"七班班主任的最后一句话有满满的优越感。

我听了心里突然有种说不出的感觉。农村教育自然有农村教育的短板，可乡下孩子也自有乡下孩子的优势。我的脑海中浮现出山子机灵的眸子和他那有点倔强的神情，我就是从乡下调到城里的老师，我了解乡下孩子的韧性和潜力。

放学后，我特意在校门口等山子。山子出来了，我装作不经意看到他的样子："嗨！山子，还记得我吗？""杨老师！我知道你是五年级的级长。"

"来到这个新环境适应吗?第一单元考得怎样,班上前三名?"山子摇了摇头。

"前五名?"山子还是摇了摇头。

"那就是前十名了?"山子咬了咬嘴唇说:"杨老师,你在羞辱我吗?"这时候的山子很像一只"小刺猬"。我笑着说:"你一定得让我后悔!"说罢,我按了下"小刺猬"的头,然后一转身,先他一步走出了校门。

中段考试,我特地去翻看山子的成绩,全班第十五名。期末考试,我又去翻看山子的成绩,全班第四名。七班班主任说:"奇了怪了,第一单元以后,这个山子夹起尾巴做人了。感觉像是憋了口气在学习,成绩提高得很快。还有啊,他在学校举办的各类竞赛中也频频获奖,属于全面发展的类型。"

散学典礼的颁奖仪式上,是我给山子颁的"三好学生"奖,我对他说:"祝贺你!山子,杨老师真的有点后悔了。"山子很庄重地给我敬了个队礼,他说:"杨老师,我要谢谢您!"

这一次,我听到山子对我说"您"。隔天,我收到了山子的信,他在信里说:"杨老师,这个学期我收到过几次匿名寄来的信和辅导资料,信里一再说到,我相信你的韧性和潜力。这给了我莫大的鼓励。我核对过笔迹了,是您!"

望着窗外的一树繁花,我轻轻地笑了。

> 要往前走 朝着光走
>
> 人生中多数的不幸并非由厄运造成的,而是由笨拙、怠怠和粗俗导致的。

多虐待筋骨，不虐待心情

□吴淡如

每次要去健身房前，总有个声音告诉我：要不要找个理由请假？

刚开始时是最辛苦的，不是用吃奶的力气咬紧牙关，也不是软着腿走下健身房的台阶，而是第二天醒来全身僵硬，接连三天都因为酸痛难以入睡。

我也没有设置什么目标，硬着头皮守信用去上课，约好了就得去，去了就得忍，忍了就继续忍，以免前功尽弃。本来只能跑半马，在第六次练肌力后，竟跑完了一个全马，纪录比我想象中快得多，这天降神迹让我发现肌力训练的好处，于是持之以恒但也毫不勤奋地，每月固定接受一两次健身。

意外地，我年少时的肩颈酸痛竟然好了大半，几乎不用再去找整椎师傅。其实，整椎没用的，神仙妙手把你的骨头都调正了，你那松软无力的肌群也会在不久后自动缴械投降，让它继续歪回去。而我也发现了肌力训练和跑步最美好的副作用：当我开始虐待筋骨之后，我几乎不再虐待自己的心情。

那些以前会钻的牛角尖，竟然在对自己的肌肉愈来愈有掌控力的时候，不再为难了。挥汗练习后，什么仇人啊，伤感啊，都抛在脑后，酸言酸语更是无所谓了。

其实有些后悔：如果年轻时，就明白这个好处，一定会少浪费一些心情作茧自缚。

真正的自信，原来不是只种在心中，它成长在筋骨强韧里。

> **要往前走朝着光走**　人间的事往往如此，当时提起痛不欲生，几年之后，也不过是一场回忆而已。

眼光迟钝

□梁凤仪

你有没有试过，和朋友相处，突然间发觉他变了，无论是变得坏还是变得好，总之，与从前的他完全不一样了。

那天与两位朋友聊天，其中一位问："是否觉得我们的一位朋友变了？"

我立即举手，大声附和："对、对、对，是变了，从前绝不是这个样子的。"

余下来的一位没有发表意见。静候片刻，她才慢条斯理地说："让我告诉你们一句电影文化界女前辈在20年前说过的至理名言。那年头，我们年纪轻轻的一群小姑娘，吵吵嚷嚷，批评某明星变了。前辈立即正色说道：'不是人家变，是你们以前的眼光差，道行浅，没有把人家真性情看出来。随着时间的推移，你们也炼得较为眉精眼利的时候，就立即说人家变。怎么会变？三岁定八十，能变到哪儿去！'"

我们哑然。三岁定八十未必完全准确，成长后若有严重事件影响人生也有可能导致一个人的思想、言行、价值观有所变化。

但如果身边的朋友是成年之后相处下来的，一直没有什么大事件发生，突然发觉对方变了，先要自我检讨，变的不会是人家的慧根，变的其实是自己的阅历和经验所带来的触觉而已。事必先罪己，学艺不精，怨不得天，尤不得人。

> 要往前走
> 朝着光走
>
> 这短短的一生，我们最终都会失去。你不妨大胆一些，爱一个人，攀一座山，追一个梦。

换一种方式说"我不行"

□[美]昆西·卡斯卡特 译/乔凯凯

小时候,我的体质很差,常常生病。我的父亲有一个很好的朋友托尼,他经营着一家健身房。托尼告诉我的父亲,可以把我送到健身房,他会教我做体操,指导我怎样把身体锻炼得强壮。我的父亲正在为经常半夜带我去医院而发愁,自然毫不犹豫地采纳了他的建议。

和我预想的一样,在健身房的第一天,我就遇到了困难。托尼让我先做几组热身动作。前几个动作比较简单,我跟着做了,在做最后一个动作时,我停了下来——左手臂伸直往前探,右腿向后抬,手臂和腿在一条水平线上,然后让身体保持平衡。这对我来说简直太难了!

"我不行。"我沮丧地对托尼说。

"嘿,小伙子,你不知道,在我的健身房里,不许说'我不行'。"托尼耸了耸肩膀,然后指着一旁正在独自做俯卧撑的一名男子说,"只要说出这三个字,就要接受惩罚。当然,我会给你一次机会。"

天哪!我承认,在听到这番话后,我立刻想要回家。就连身体强壮的人都会受惩罚,何况我的身体这么弱……如果他要我做自己能力之外,或者有安全隐患的其他动作,我也要照做吗?

"别急着回去。"托尼笑了笑,接着说,"我是说,你可以换一种方式说。"

换一种方式?我不明白托尼是什么意思。托尼问我:"你为什么觉得自己不行?我的意思是,你说这句话背后的原因是什么?"

我看着托尼，仍然一脸疑惑。托尼试着引导我："是因为之前没有做过，害怕做不好，还是因为累了，想要休息一会儿？或者是因为当着这么多人的面去尝试，你觉得尴尬？我希望你能找到原因。你知道吗？只有这样，我才能帮助你。"

"我……我的平衡能力很差，我不认为自己可以用单腿站立。"我犹豫着说道。

听了我的话，托尼拍着我的肩膀，轻松地说："别担心，我可以帮助你。"

在托尼的帮助下，我完成了那个动作。更让我意外的是，当托尼把他的双手从我的腰上拿开时，我竟然还可以保持平衡。

后来我又遇到了一些困难，但每次当我想要说"我不行"的时候，我都会先问自己——这些困难意味着什么？想明白之后，我会选择用另外一种方式说出来。

不要把"我不行"当作盾牌，躲在它后面，那样并不会让你真正安全。你需要做的是直面它，然后战胜它。

> 要往前走
> 朝着光走
>
> 我们领教了世界是何等凶顽，同时又得知世界也可以变得温柔和美好。

爬山的人

□尤 今

一次爬山之旅，居然成了阿欣人生的转折点。

阿欣攀爬的，是印度尼西亚高达3726米的林贾尼火山。

那一年，她30岁，是而立之龄，任职于一家律所，担任辩护律师。让她最感到沮丧的是，有时，犯罪证据确凿，但她得挖空心思为受控者脱罪；倘若输了，有挫败感；如果赢了，不但没有成就感，还得遭受良心的谴责。

年复一年在旁人羡慕的眼光里享受着高薪厚禄的她，内心却陷落于一张痛苦的大网内，每个网眼里，都是难以和他人言说的矛盾和挣扎。

她觉得自己来到了人生的十字路口。

她申请了一个星期年假，只身飞往印度尼西亚的龙目岛，找了个挑夫，以四天时间，攀爬风光壮丽的林贾尼火山。阿欣认为，许多时候，要治疗一颗疲惫的心，绮丽的景致比任何心理医生更有疗效。

然而，令爬山高手阿欣难以预料的是，林贾尼火山竟然能媲美李白的《蜀道难》，让她屡屡发出了"难于上青天"的慨叹！

阿欣余悸犹存地忆述道：

"山势陡峭，碎石路又多，攀爬到后来，简直就是一步一顿了。元气耗尽，全身每一个关节都好像有尖利的匕首在游走，疼得我直不起身子。抬头仰望，山巅遥遥；低头俯视，山路漫漫；我在中间，进退两难。看着看着，眼泪就忍不住哗啦哗啦地流了。后来，立定心意，与其窝囊地后退，不如奋勇地前进。那天，攀爬了将近11个小时，才来到半山的扎营处，整个人虚弱得像强风中的蜡烛；一双腿，好似腌过的萝卜，一点力道也没有。"

次日，历尽艰辛，终于爬上了山巅。宛若仙境的美景，让阿欣魂魄悠悠出窍。

接下来，漫长两天的下山路，阿欣又经历了宛若地狱式的磨难。当阿欣晾晒这一段记忆时，口吻里还残留着痛楚：

"碰上了暴风雨袭击，山泥崩泻，我好多次差点像泥土一样被冲下山去，感觉死了一次又一次，是平生少有的惊险和惊悸。"

来到了山麓，阿欣在外形上像是一根烂掉了的葱，软塌塌的，浑身散发出浑浊的气息，可是，阿欣清清楚楚地知道，和往昔相较，她已不再是同样的一个人。

她的内心，住了一个强大的巨人。

她对我说道："许多人想要征服林贾尼火山，但都经不起折腾，半途而废。对于我来说，登上山顶，并不是最大的目标，在爬山的过程中，如何为自己源源不断地注入勇气，克服想要放弃的念头而坚持到底，才是最重要的。"

回来后，阿欣重新规划了自己的人生。

她离开了律所，加入了一个国际组织，远赴非洲肯尼亚，为贫苦的百姓提供法律服务，为他们争取在法律上应该享有的各种权益。

她最近回来度假，内心的丰盈使她整个人焕发出熠熠的光彩，她微笑地说道："我现在是领队，带着他人攀爬人生无形的山峰，道途险峻、困难重重，可是，有了攀爬林贾尼火山的经验，我清楚地知道，只要我坚持，一定可以抵达最终的目标；而最重要的是，站在山巅，当我和他人一起分享险峰那气吞山河的美好景致时，我自豪而无须自省，快乐得十分纯粹。"

要往前走
朝着光走

一个人想要获得真正的内心自由，必须勇于承担责任，尤其要勇于对自己负责。

避免"计数器陷阱"

□李睿秋

许多朋友在设定目标、践行计划的过程中容易落入计数器陷阱。

举个例子：很多人学写作时会给自己设定一个具体的目标，希望通过量的积累，来达到质的改变。比如"每天一千字"，甚至有一些"魔鬼训练"，要求自己每天输出三千字、五千字……然而他最终的收获，可能是一堆语焉不详的文字，虽然这个过程可让练习者获得良好的自我感觉。但写出来的文字质量变得更高了吗？很可能都没有。

这就是量化目标的负面影响。它容易将问题简单化、平面化，让人产生一种"解决问题"了的错觉。

因为不论多么理性的人，在量化指标的驱动下，都难免产生一种心态：我先想办法去完成指标，别的都可以缓一缓。在这种心态的驱动下，他很可能会不太注重文章的论据是否可靠，逻辑是否严谨，结构是否清晰，文字是否简洁……而是以"写满规定字数"为首要目标，甚至会因此反过来追求不简洁的文字——越不简洁就越容易达到指标嘛。

久而久之，当他习惯了这种模式，还如何能写出言简意赅的文章呢？

不仅仅是写作，任何事情都是如此。每件事都是有多个衡量标准的。而当你把其中某个标准强调、凸显出来时，就很容易忽略其他的标准。从而把一个完整的"体"，简化成只剩一个"面"。

这也是企业管理中常说的"KPI陷阱"。凡事都唯KPI是论，以完成KPI为第一要务，往往就会忽略做这件事核心的目的，忽略真正的目标。

在这种心态的驱动下，很容易把"拓展知识面"简化成"每年读50本书"，结果一年下来，书单有浩浩荡荡一列，但问自己从中得到了什么，学到了什么，有什么收获和提升，则是脑子里一片空白。

这其实是买椟还珠，真正有价值的东西，是读书时思考和咀嚼的过程，这才是你从"读书"这件事里面能否得到收获的关键。但它就在你赶进度的时候，被抛诸脑后了。

要摆脱计数器陷阱，一个重要的思维方式，就是去分析问题背后的系统。也就是：先建立一个最简单的系统，然后想办法优化它。

对写作来说，每天输出一定的字数是最重要的因素吗？其实不是。写作是一个系统的过程，你必须有输入，有思考，才会有输出。如果只把目光放在"输出"上面，那是没有意义的——你只是在不断地敲键盘，没有输出自己加工过的观点。

所以，如何才能每天多输出一点内容？这并不是一个好问题。更好的思考方式是：如何才能在我每天的生活中，多一些思考，与此同时能写出一点思考的成果？同样，"如何每天多读一点书"，背后的系统是：建立自己的知识体系，基于这个知识体系，找到阅读的方向和需求，再基于这个需求，去有针对性、有目的性地阅读，获取知识，进而丰富和完善自己的知识体系。

这就是系统性的思维方式：一个问题的出现，其根源往往不是它本身，而是它背后所存在的系统。它往往只是这个系统的一种表现，我们要做的，是去优化这个系统，从根源解决问题，而不是仅仅着眼于问题的表象。

> 要往前走
> 朝着光走
>
> 很多人觉得他们在思考，而实际上他们只是在重新整理自己的偏见。

成长是不再与自己的性格为敌

□罗近月

当别人问我是什么性格,以前我常会说双重性格。那时总觉得,承认自己内向,就好像是没完成家庭作业的小学生,真是逊到了极点。

那时别人说起我来,总会不吝啬自己的遗憾和同情。我初中毕业时,有一次跟爸爸到一个亲戚家做客,亲戚对我爸说:这孩子成绩不错,就是性格内向了一点。后来的话我记不住了,大意是对社会有用的都是外向的人,我看似是个好苗子,但摊上了这样的性格,真是可惜了。

那天,我的内心是那么愤愤不平。当性格可以被用来粗鲁地断定一个人未来的时候,我第一次觉得,内向成了我的大耻辱。

之后的日子,我带着很矛盾的情绪开始了成长之路。一方面,我希望向大家证明,内向者也能有自己的成就。另一方面,我在努力改变自己,想让自己表现得像个真正的外向者。可想象归想象,实际上我依然是那个遇上热闹就躲到角落里的人。

后来,我遇到了一位对我很重要的语文老师。当我们开始一篇新课文的学习时,她总是等我们先提问,再讲解。我觉得我的机会来了,就逼着自己提前预习,要求自己每节课都要提一个问题。刚开始特别艰难,慢慢地尝试了几次,我在课堂上举手提问就变得轻而易举了。在此过程中,我的努力不断受到老师的肯定,我也因为超越了自己而无比兴奋,当众讲话的恐惧也不再那么明显了。

这件事情让我意识到,即使我的性格不变,我也可以去直面那些人生中的阻碍。从那时起,我不再为难自己,不再觉得改变内向的性格是最重要的事情。

现在,当我因为工作或人际需要,在很多人面前侃侃而谈时,我似乎已经忘记了自己的内向性格。而当我回归日常生活,没有特别的安排时,我又会首先照顾自己的意愿，变成那个不喜言谈的闷葫芦，安静地享受独处的时光。

经常有人问我：要如何改变自己的内向性格？《内向者沟通圣经》一书中说，内向是一种偏好，不应该被看成一个问题。内向型的人，能够获得更深刻的智慧，也会有更多的时间去观察和理解别人；相比外向型的人一开始就抢先赢得人心，内向型的人更能带来持续的发展和有意义的改变。

或许今天，依然还有很多人在为自己的内向性格苦恼，也像我过去一样尝试去改变。但要彻底改变自己其实很难，而不断踮起脚尖去靠近自己的理想不难。

首先，你得用提前做好的计划应对困难。大多数的内向者羡慕外向者能够热情而迅速地与他人建立关系。实际上，如果内向者做过充足的准备，并提前做好预案，在人际交往领域一样可以做到卓越。

其次，要积极地展示自我。内向者往往觉得，如果自己做得好，别人一定会看到。如果别人没有看到或者不够认可，那一定是自己做得不够好。实际上，调查研究表明，如果不阐述自己的成就，人们就无从了解你的能力或者潜力。

再次，鼓励自己走出舒适区。就像我第一次在课堂上提问时，手都在颤抖。可当我站起来之后，我发现自己特别平静。有句话说：我们总要知道，来到这个世界，到底可以做些什么。我们每一天都在面临变化，今天走出舒适区，是为了明天有更多自由的舒适区。

最后，不间断地练习。冠军选手每天都在做的事情就是练习，如果我们想提升自信，最好的办法就是勤于练习。练习可以让我们更容易适应挑战，也能让我们具备更多的自信，促使我们积极投身到更大的挑战当中。

对于有心之人，或许做到这四步，已经会收获颇丰。如果我们连踮脚尖的劲儿也不愿使，只想天上掉下个好性格成就自己，那我们对于自己的人生就太随意、太懒惰了。

要往前走 朝着光走　　人生值得欣慰之处便是，每一天都有结束的时候。今天也不例外。

喝白开水的境界

□施群妹

好多人都知道，白开水是最好的饮品，喝水对于健康至关重要，一天需要喝几杯，好像还有科学依据。不管怎样，白开水虽然解渴，但喝起来总让人感觉寡淡，哪有千滋百味的饮料好喝？

只要掌握喝白开水的要领，就能喝出别样的味道。首先是温度，吃货的观点是，高于体温，让味蕾觉得略烫，让水涨满嘴巴，大口咽下去，就能获得白开水最好的口感。而且这种味道马上能遍布全身。

喝白开水，与装的器皿关系密切。最高的境界莫过于用手捧着喝，喝的是真味水，但这种境界难度过高，不追也罢。有人说，用玻璃杯装水，透彻、清亮，最接近它的本质，水的味道就是它的原味。有人喜欢用陶瓷、紫砂等这种用泥土烧成的器皿，会有一种天然的芬芳，如泉水流过石缝的味道。其实有时候，渴了，用碗，敞开了喝，那味道也很甘甜。

春节，亲戚们聚在一起，天南地北地聊着，每个人手里都捧着一杯水。这时候的水，我喝出了一股烟火味，是小时候的味道。我听到煤炉上咕噜咕噜水开的声音，那茶壶的盖子在不停地跳动，热气弥漫开来一圈一圈在房梁周围袅绕。杯子握在手里，像个暖壶，经久地暖着，经过翻滚的水，聚集了太多的热量，弥久不散。

水的味道与煮开的方式有关，现代电器将插头一插，自动启动，自动断开，等想起去喝的时候，也不记得它烧开的时候了。那水喝出了一股工业文明的味道。小时候，柴火是十分珍惜的，母亲在烧饭的时候，会在笼屉上面放上一大碗水。随着饭熟，那水自然应该也是开的。那水能喝出米饭的香。

这多像我们普通人的生活，平淡之中因为有了不一样的器皿、不一样的温度和经历的温度，形成了各自不同的人生，品出了各自不同的滋味。

你那么关心外面的风雨雪霜，我只关心内心的天气。

限量感动

□子　沫

一位女士陪朋友看展览，那位朋友被这场展览深深地打动了，女士说："既然这样，我们再去看一场。"不承想，那位朋友摆摆手说："这样就好了，我想把这份感动延长些。"我由衷地欣赏那位聪明的朋友，限量感动，不贪心。

记得一本书里有这么一段话：生病也好，不开心也好，都源于一个字——浓。你浓于情就会生出痴，浓于利就会生出贪，浓于名就会生出嗔、痴、贪，嗔是最可怕的。不开心的事情闷在心里就会郁结成气，气结不化就会生出病，病则不通，不通则痛。对付"浓"最好的办法是"淡"，这个"淡"不是说你什么都不在意，而是不贪。人的贪欲是不知不觉的、方方面面的，只能不断地自我提醒。

很久以前，看过一部电影《八月照相馆》，片中老太太一家人去照相馆拍照片。晚上下着大雨，她重返照相馆，对摄影师说："能让我重拍一张吗？上午的衣服没穿对，我想拍张更好的照片，将来留给后辈。"她在镜头前微笑端坐。

想起木心先生说的一句话："我好久没有以小步紧跑去迎接一个人的那种快乐了。"这种快乐因为稀少而让人期待，也正因如此而更显得弥足珍贵。

> **要往前走朝着光走**
>
> 生活的时光，总会给我们柔软的心里留下伤痕，总会让我们的眼睛看到黑暗，但它永远不能剥夺我们的微笑与我们追寻光明的勇气。

停在风景最美处

□钟二毛

发现一个很有趣的现象，宋代绘画里凡是画亭子的地方，一定是景观最好的地方。亭子的位置，绝对不会随意添加多余的笔墨。

亭子为什么要出现在风景最美处？这是古人的建筑美学。古人就是要告诉你：人生到了最美的地方，应该停一停，停下来，才能看到美，匆匆忙忙是看不到美的。

各位再闭着眼睛想一想，我们每个人都去苏州逛过古代的园林，你会发现园林里所有的路，都是七绕八绕的。

为啥要绕来绕去？这也是古人的建筑美学。古人要告诉你，你到了这个园子，就不要猴急地赶路了，放慢脚步吧，绕绕圈子看看身边的假山奇石、梅兰竹菊、花鸟鱼虫。你越慢，看到的越多。其实，这也是生活的哲学：有时候，绕绕弯子慢下来、停下来，这既是生活的意义，也可以让人发现惊喜。

> 要往前走 朝着光走
>
> 日子就是这么庸常，却有细碎的事物，如太阳碎碎的光芒，洒落其上。

第六辑

对未来有信心，
对当下有耐心

初入职场，灵活运用"学生气"闪光点

□李 戈

"学生气"有时很难轻易改掉，这时不妨灵活运用。用一种"好学生"的思维来开展工作，会有很多闪光之处。

1.把学历变成学习力

不管做什么事情都要求做到最好，这是一种典型的"学生气"思维。如果把这种严格要求自己的态度放在工作中，会有很大的好处。

作为新人必须清楚，在事业起步阶段，就算能力出众，在一些老员工面前，也可能会被他们丰富的经验打败。所以，唯有依靠不断踏实地学习，付出更多的努力，才有可能获得超越他人的机会，让领导和同事觉得你的学历和能力是一种正向匹配。

2.培养职场"钝感力"

面对领导的批评、同事的质疑、客户的要求，我们或多或少会有挫败感。这时，你需要自我调节，发挥出学生时代厚脸皮的"钝感力"，迟钝一点，让自己变得粗糙一点，才能承受各种锻炼和压力。

懂得虚心听取他人的意见，如果自己做得不足，就去改进，力争做到能力范围内的最优。那时，领导和同事也会记住你的高光时刻，正所谓："你默默努力的结果，最坏不过是大器晚成。"

3.用"一题多解"破除情绪C位

当一个项目交由你来负责，就不要等别人把这道大题分解成若干小题。无论是上网搜索，还是请教同事，都要事先了解此类项目怎么定方案、有哪些开展方法，你可以尝试制订几种方案，然后拿着这些方案去找领导讨论。在做了大量前期工作后，让领导做选择题，会让领导觉得你考虑问题周全，方案被采纳的概率也会提高。

4.系统的配合性解题思维

很多人觉得，在学校学习的知识，到了工作场合用不上。实际上，这种观点过于片面。学校培养的是一种思维模式。当接到某个大型项目或者任务时，你需要先制定一个细化任务表，再一项一项地按照时间节点完成。遇到超纲的题目，你要学会暂停"好学生"思维，放下自己的"清高"，向经验丰富的同事取经，团队作战，保证任务圆满完成。

5.没有心机，让人更易接近

随着年龄的增长，我们慢慢明白，成年人的世界里，嘴上说的和心里想的是两回事，这也让很多职场人在工作了一天之后，觉得身心俱疲。

但是这一点，对于"学生气"十足的人，也未必是件坏事，要避免自己口无遮拦和不合时宜的直率天真，同时不影响你与领导、同事坦诚相待。有心机会带来一定的好处，但也可能失去一些机会。如果处处都耍心机，那你失去的将是整个朋友圈甚至社交圈。

6.学会职场"破冰"

在新生入学阶段，老师们都会组织大家参加集体活动，互相介绍，熟悉彼此；在工作中也是一样，无论遇到领导还是同事，礼貌性地打声招呼，其实跟在学校遇到老师和同学一样。同事之间保持一份感情的温度，工作开展起来也更加方便。

当然，在与领导和同事的相处中，也要掌握一定的"分寸"，尊重他人隐私，留给他人空间，才能让彼此的工作更清晰顺利。

另外，职场的成熟也可以通过穿着来体现，着装避免邋遢、随意，职业化的穿着会让他人对你形成良好的第一印象，使你们有进一步接触的可能。

进入社会意味着成熟和成长，这种成熟和成长在某种意义上是与校园状态诀别，甚至反向而驰。但实际上，我们身上那种挥之不去的"学生气"也有很多值得看重的地方，没有绝对的好与坏，只要恰当运用，都会学有所成。在职场中，任何高手都是智力因素和非智力因素的"双剑合璧"。把握好"度"，你一定会成为职场新达人。

> **人间一趟 积极向上**
> 每个人都有自己的本质，放到合适的地方就大放光彩。

有多少人败给了"慢马定律"

□Autumn

有个建筑行业的朋友，大晚上过来跟我倒苦水。说白天跟同事闲聊，发现部门新来的应届生，居然比自己的待遇还高。想想自己在公司待了快7年，画图、提资、跑工地，该干的活一样不少。

"太憋屈了，你说我待了这么久，没有功劳也有苦劳吧。这破工作，真是干着一点意思也没有。"看他义愤填膺，我忍不住提议："既然这么委屈，干脆换家公司看看？"他马上不说话了。可能很多人都知道，建筑这行出差越多，发展机会才越大。

但是朋友一直没什么事业心，公司每次安排他出差他都觉得太辛苦，不是说家里有事，就是借口身体不舒服逃避出差。每天除了坐在电脑前机械地画图，分外的活一点不干，到点就下班回家。说是干了7年，其实能力一直在原地打转，劲头明显不如年轻人。混着混着，一不留神就成了职场里性价比最低的存在。

在网上看过一段很扎心的话："在这个时代，人工智能像人不可怕，可怕的是人越活越像人工智能。"

你有没有发现，我们身边有很多像我刚提到的朋友这样的人：每天看起来兢兢业业，从不迟到早退，但升职加薪永远轮不到他。眼瞅着新来的年轻人都跑到了自个儿前头，这才感觉到危机。一边抱着过去的"苦劳簿"诉苦，一边盘算着出路。然而，空有一身工龄，没有跳槽的本钱。只能日复一日地跳进"埋怨—继续混日子—再埋怨"的死循环里。

之前有统计，人这辈子除了睡觉，大部分的时间都花在上班上。很多人只想着熬过上班的8小时，却没想过如何让它更值钱。就像职场大咖何加盐讲的："当你在工作中混日子，其实就是在浪费自己的时间。因为你都认为自己的时间不值钱，你的工资怎么可能高得了呢？"

想摆脱现状却懒得提升自己，瞧不上手头的工作又做不到无可取代。看起来拥有10年的经验，却不过是相同的日子重复了10年。你得过且过的每一天，都是对人生最大的浪费。还记得心理学上的那个"慢马定律"吗？偷懒的马上一秒还看不起卖力的另一匹马，为自己的小聪明沾沾自喜，下一秒，就被主人送进了屠宰场。

有句话讲得很真实："这个世界的规则就是这样，只要你的价值不如别人，就会被无情地淘汰。"这个时代，淘汰就像家常便饭。你在混日子中浪费的时间，会慢慢变成困住你的深渊。让你眼睁睁地看着别人飞速前进，却无能为力。

时间是这世上最公平的东西，你选择打发它，它就会反过来打发你。那些本可以让你变得更优秀的每一天，一旦浪费了就不会重来。这个千变万化的时代，不会等任何人闲庭信步。你光把自己做好了不行，还得做得比别人好。今天比昨天多做一点点，明天比今天精通一点点，才是适用于普通人的最大的真理。只有自己身上有碗筷，才能够始终有饭吃。

也许你正在日复一日的工作里慢慢丧失了激情，也许你正因为自己的职业道路越走越窄而彻夜难眠……但别忘了，人活着真正的累，不是拼搏的累，而是内心的焦虑与迷茫。人生最大的苦，不是加班的苦，而是面对生活的无力和绝望。当你真正开始为自己工作，所有的困难都会为你让步。那些你加过的班、做过的项目、学到的本事，都会变作你的底气，让你任何时候，都不会为了生活对谁低三下四。◆

> 人间一趟 积极向上
>
> 耐心点。你的未来将会来到你面前，像只小狗一样躺在你脚边，无论你是什么样，它都会理解你，爱你。

在古代，翻译是个高危职业

□董苏豪

对于"谁是世界上第一个翻译"这种问题目前并没有相关文献和史料能够准确回答，但是，只要对目前公开的部分资料加以分析，一个笼统的结论并不难得出——最早的翻译家，也许是巫师才对。

在最早的原始部落，巫师这个职业，出现时间远早于翻译。即使出现了翻译，那么最适合担当此职的人，还是巫师。

巫师的翻译对象，通常是"神谕"。当然不能指望天上的神和山野草民使用同一种语言，所以就靠巫师把神说的话翻译出来，说给周围的人听。

语言和语言如何第一次亲密接触

古代不同的部落需要交流，第一步只能直译。当然，这里的交流未必存着什么文化交融共同进步的念头，最有可能是因为战争。

最初步的翻译是口译。有文字以后，双方都用它来记录发音以及这个词表达的意义。

首先要弄清的是指示性语言，举个例子：一个只会说英文的英国人遇到一个只会说中文的中国人，初译开始了。

英国人要指着对方，说you；指着自己，说me；指着苹果，说apple；指着树，说tree……这是最直接的方法，当然，如此方法并不只适用于英语，这样的指示性语言一点点堆砌，加上熟悉了对方的表述方式，就可以进行最基本的交流。

后来，再从判断句衍生出各种各样的解释，从而构成更加复杂的内容。

当然从第二步到第三步，远比从第一步到第二步来得艰难。所以需要越来越多做这样工作的人，不同母语的人交流得多了，加上对彼此文化背景愈加了解，翻译这项事业终于从采集文明进入到了农耕文明，不仅出现了正规的词典，还有专业的翻译官大人，翻译这个职业直至今日依然值钱。

做翻译，并不是件容易的事

在古代，翻译官们存在着很严重的语言能力欠缺问题，外语能力过"四级"的凤毛麟角。我国有文献记载的翻译活动，可以追溯到周公居摄六年，也就是公元前1000多年。

周文王、周武王死后，成王年少，由周公摄理朝政。交趾（今越南北部）南面有一个越裳国，为了表示友好，派出了三位翻译官向周公献珍禽白雉。

因为路太远了，没有人既懂汉语又懂越裳国的语言，所以要先派一个翻译官将越裳国语言翻译成其他的语言，反反复复辗转，才能译成汉语。

据《尚书大传》记载："周成王时，越裳氏重九译而贡白雉。"三个心累的翻译官辗转了九次，经历了一个类似"越裳语—广东话—湖南话—湖北话—河南话——周朝官话"的过程，才翻译成功。

此外，在古代，胡乱翻译则是一件很可能要命的事。早在汉代的法律中，就有对翻译人员的处罚条文。

《张家山汉墓竹简》为研究西汉前期的法律制度提供了最原始的资料。其中汉简《具律》规定："译讯人为非（诈）伪，以出入罪人，死罪，黥为城旦舂；它各以其所出入罪反罪之。"

若翻译者乱翻译，导致对他人的定罪量刑有出入，如果他人因此被错判死罪，翻译者就要相应地接受黥为城旦舂的刑罚，这是最重的一种劳役刑。如果他人被错判其他罪的，就要实行反坐。

由此可见，翻译这份如今还算体面的工作，在过去还真是一个高危职业。

人间一趟 积极向上　如果你足够关心这世界，世界将展示给你那些文学性的瞬间。在那个瞬间，一个故事可以呈现所有道理。

先做收入最高的工作

□万维钢

在小事和要事之间，怎么权衡呢？

数学家的答案非常简单。你先估算一下每项任务的"重要程度"，然后算一算每项任务的"密度"。

一项任务的密度=重要程度／完成时间。

然后，你就按照任务的密度从高到低的顺序去做事。这就能让你的心理负担最小化。

一个衡量任务重要程度的简单办法就是看这项任务能给你带来多少收入。比如，你有两个任务：第一个任务你需要用1小时完成，它能给你带来200元的收入；第二个任务你需要用3小时完成，它能给你带来300元的收入。那么数学家说，你应该先做第一个任务，因为它的密度是200，而第二个任务的密度只有100。

方法非常简单，但是这个思想关键在于"量化"。你不能光说"要事优先"——到底多重要的事，才算要事？现在有了这个量化的方法，我们就知道，如果任务A的完成时间比任务B长一倍、那么A的重要程度必须也比B高一倍，这样我们才可能会优先考虑做A。

我们把这个算法叫作"加权最短处理时间"算法。这种计量方法非常符合我们的直觉。用钱来打比方，其实就是说，肯定要优先考虑单位时间内收入最高的工作。

> 当下便是风口浪尖，人生积累的经验，被生存的细节磨损消耗。我们智慧的高峰，便是生活的当下。

南窗和北窗

□ 向墅平

在外旅居时,我租住的那间屋子有两扇窗,一扇朝北,一扇朝南。

北窗临街。打开窗,呈现一派繁华景象。触目便见缤纷的色彩,满耳尽闻冗杂的声响,鼻息里充盈食物的香气……

南窗临山。打开窗,呈现一派幽静的气象。触目只见苍翠的山林,满耳只闻清寥的鸟鸣,鼻息里氤氲草木的味道……

一个人的内心,也可以是这样一间屋子,也有两扇窗——一扇属于欲望,一扇属于精神。

欲望之窗,朝向凡俗。通过这扇窗,可以领略尘世的风情,品尝入俗的滋味。

精神之窗,朝向灵魂。通过这扇窗,可以淡出尘嚣而抵达宁静,与灵魂零距离对话。

两扇窗,可以交替打开,也可以形成对流,但不可以只开一扇。只开欲望之窗,未免活得太过庸俗与嘈杂;只开精神之窗,未免活得太过孤高与清寂。堕身凡尘,生而为人,如若既能常享入俗之趣,又能常怀出尘之志,方不枉收获一场真正完美的生命体验!

南北窗,我都爱打开,也喜欢看两扇窗外不同的风景……

人间一趟 积极向上　努力经营自己生活中的点滴美好,并且借由这些美好,告诉自己不要低头,即使人生多艰,世事无常。

逆天的对手

□须一瓜

谁是地球的最后霸主？

有五六亿年历史的水母，好像从不认可人类是地球霸主。只要它们看人类不顺眼了，双方一交手，人类的局面总是难堪。

有一年，在日本，一伙越前水母拖住渔船，直接导致船覆人亡；有一年，美国人想在澳大利亚炫耀其当时最先进的航空母舰，结果招惹了成千上万不高兴的水母，它们直接攻占了核动力设备的冷却系统。美国人使用杀虫剂、电击超声波等反击，都无法驱赶水母。航空母舰被迫提前离开大洋洲。"水母赶走美国军舰"成为当地报纸的头版头条。水母们还随心所欲地关闭人类发电站。1999年12月，有五卡车之多的水母忽然云聚，堵塞了菲律宾某发电厂的冷却系统，导致该发电厂歇菜。

这个看上去死气沉沉的物种，恐怕是人类地球霸主的唯一挑战者，它们也确实身手不凡。

6.5亿年前的海洋中缺氧，许多生物都没能挺过来，但水母没问题。它们耗氧低、存氧能力强，有些水母甚至能在水面把氧气吸入它们的"帽子"里，然后像带着氧气瓶的潜水员那样，潜入缺氧的水中长达两小时。

它们有雷霆般的繁殖力与难死的魔性。和它们初战的人类，把水母们杀掉，没想到，水母被杀时，会立即排出卵子和精子，复仇似的大量繁殖。而和平期，水母的繁殖力也是惊人的——雌雄同体、自我克隆、体外受精、自体受精、裂变、合体、同类相食……凡是你能想到的繁殖方法，水母们都无师自通。

水母还很难死去。如果水母遇到困境，就会"假死"，一些水母能够保持假死状态长达10年！其中灯塔水母，几乎是不朽的。当它"死亡"之时，许多细胞会逃离腐烂的身体，然后以某种方式找到彼此，再次组合成息肉，再分离，变成一堆新的灯塔水母，这一切在5天之内就能搞定。

水母固然是先天旺族，但亿万年来基本上生存得很克制。而成就水母族崛起的，正是人类。

地球污染、气候变化、过度捕捞水母天敌、生态系统崩溃、各类人造海洋建筑等，都是水母疯狂繁殖的诱因。当海洋变暖时，热带箱形水母和伊鲁坎吉水母会扩张它们的生存范围，据悉，北大西洋海域曾有10万平方公里的面积被海蜇（水母的一种）所"覆盖"。

这个地球上，只有水母的杀戮，不容易让目击者与受害人共情。这个海洋中的杀手，悠然、飘柔、轻盈、曼妙，它们生生世世就这样在大海中，如诗如画地残暴着、贪婪着、杀戮着。

最凶残的人也想不到，那么美丽的身影，可以吃掉超过自己体重10倍的食物；没有食物了，它们就通过妖冶的表皮，直接吸收溶解在海水中的有机物质；它们还会"蓄奴"，让一些藻类生存在它们的细胞内，奴隶们通过光合作用，可以给水母提供能量。

这个美丽的生物，还惊人地浪费食物。它们没有饥饱控制，天生不断追捕猎物，不管吃饱没有，就是不断厮杀，直到"还有谁"的问声，在空空如也的海洋中回荡。

我觉得中国人恐怕是地球上阻击水母崛起的最后希望。论历史，我们从来就没有回避过水母，从小就从凉拌海蜇中练习不惧强权；论武力，我们有太极拳、太极剑等与水母柔术抗衡。我们就是陆地水母，野火烧不尽，春风吹又生。每一个中国人，都是天生吃海蜇的——谁怕谁！

美丽、自由、无畏、飘荡、至柔至刚。开战吧！让我们先向诗意的对手致意！

只有真实才能给你带来名望，也只有真实才能使你受益匪浅。

不要留意轻松的事情

□佚 名

有人为了获得珍贵的友谊而辛苦，有人为了战胜仇敌而辛苦，有人为了拥有健全的身体和充沛的精力而辛苦……这些为了妥善治理家务、救助朋友、报效国家而受苦的人，不但自己心情愉快，还获得了他人的赞扬和羡慕。而怠惰既不能使人身体健全，也不会使人心灵获得有价值的知识，只有不屈不挠的努力，才能使人们最终建立美好而高尚的业绩。

如果跟恶行交朋友，能够尝到各种欢乐的滋味，一辈子不用经历任何苦难，可以毫不费力地获得舒适的生活。我们将会获得别人劳碌的果实。对你有用的，你可以毫无顾忌、轻而易举地拿到手。

但只有跟劳动为伴，你才能收获神明所赐予人的一切美好的事物。如果你想获得朋友的友爱，你就必须对朋友忠诚；如果你想获得国家的荣誉，你就必须对国家做出贡献；如果你要从土地上收获丰盛的果实，你就必须在烈日下劳作和耕种；如果你要使身体配得上人的灵魂，就必须用劳动出汗来训练。

这条通向快乐的路虽然漫长，但不肯辛苦努力，怎可体验到美好的事物？

正如先贤所说："无赖们，不要留意轻松的事情，否则你得到的将是艰难。"

> 没必要去你不想去的聚会，没必要讨好所有观众，没必要让自己显得很合群，你的时间应该留在让自己变得更好上，毕竟世界上大多数人只看得见你的优秀。

匍匐的猎手

□沈华山

每天夜里睡觉前，我都要看一遍《动物世界》。我不是嗜好血腥的屠杀，我是想了解动物的本性，理解动物世界的生存法则，以及生物之间的互生互克的平衡术。动物世界里没有粉饰和曲折，总是直奔生命主题。

《动物世界》看的次数多了，我发现一种现象：无论是什么动物，在猎杀之前都会仔细观察、分析，寻找最容易下手的猎物。这倒不是猎手有多么慈悲，多么理性。之所以选择老弱病残孕幼，只是因为那些猎物更容易得手罢了。如果你稍微深入地想一想：人类的猎手又何尝不是如此呢？

以人的视角看，猎手竟然是很有自知之明，懂得自尊自重的，对于猎物也总是谦卑的。这一点，不禁让我肃然起敬。不信？你可以看看它们匍匐前进的身影。无足的冷血动物如蛇，匍匐也就罢了。贵为王者的狮子老虎，在捕食时也是匍匐着身子悄然逼近猎物的。

它们为什么要这样屈尊呢？道理其实很明了。原来，在漫长的生命进化历程中，每一种生物都获得了生存的必备能力。如果狮子藐视斑马、角马、羚羊等食草动物，雄赳赳气昂昂地走过去，可能猎物早就接到警报逃之夭夭了。猎物力量不足，就会有速度；力量、速度都不足，就会有机警、灵敏或耐力。如果这些全不具备，它们就会剑走偏锋，把某一项生存技能发挥到极致，这在军事上叫作不对称打击或防御能力。譬如鸟类能振翅高飞，老鼠能钻孔打洞，变色龙能忽然隐身，刺猬能身披钢针，蛇蝎能使用毒液，乌龟能把头缩回坚甲……否则，它们怎么能在地球上繁衍生息呢？

匍匐作为一种谦卑的姿态，是为了更好地接近猎物，以求一击制胜。为了生存，再凶悍的猎手，也不得不放下身段。如果你不是大象，你就必须懂得什么时候可以昂首阔步，什么时候应该匍匐前进。

人间一趟
积极向上

生命吞噬着生命，最强的和最贪婪的活了下来。

告诉孩子家里的财政状况

□有梦想的小咸鱼

从我上小学五年级开始，我妈每月发了工资，就会把钱放在桌上，在一张纸上写着：菜钱多少、水电费多少、储蓄多少……如果有剩余的，就会分给我一点；如果没有，就会跟我说："这个月没有你的了。"

同学有好玩的、好吃的，我会羡慕，但不会觉得我也一定得有。因为我妈工作那么辛苦能挣多少钱，我是知道的；我们家一个月的生活开销，我也是清楚的，我妈说过存着的钱，只有在家里有大事时才能动，不是给我乱花的。

后来，她做生意发财了，我也工作了，她会告诉我她有多少钱，然后就说："你成年了，老娘的钱跟你没关系。""哦，那就是我们以前共患难，现在不能同富贵了呗。"我妈表示："贫富差距太大的话就不方便同富贵了。"

再后来，生意不好做，她又没钱了；市场回暖，她又挣到钱了，这些我都知道。她有钱时，送我的那些东西，我收得心安理得；她急需用钱时，我的全部存款，交得干脆利落。

现在我也有女儿了，在她上幼儿园的时候，我就告诉过她我们有多少钱，还换算成能买多少个肯德基甜筒来帮她理解。然后我开始逐渐告诉她，我们每个月必须花多少钱才能生活，钱都花在什么地方，为了这些钱，我需要付出多少劳动。

她5岁的时候和我在家门口吃面，老板说12块钱一碗，她说："怎么这么贵，我昨天吃的面条才8块。"说完还回头问我："8块钱比12块钱少对不对？"老板乐了，说他家卖的是牛肉面，还可以多给她一些牛肉。待她的面条端上桌，里面的牛肉真的比别人的多。

她的压岁钱都是自己保管的，今年数了数，已经有5000多块钱。我带她去存钱，并告诉了她一些相关的常识。

她问："为什么存我的钱，户主却是你？会不会成了你的钱？"我说："密码是你的生日呀。"她说："密码你是知道的。"然后她把卡放进自己的包，说要把卡收好。我说："未经你同意我不会动你的钱。"她之后确认了好几次我是否可以信任。

有一天，我说我太累了，什么工作都不想干。她"噔噔"跑回房间拿了银行卡给我，说："你放个假吧，我的钱都给你。"我感动得眼泪都掉了下来。

我觉得一个家庭的经济状况真的关系到每一个人，家里的人都有知情权。

隐瞒家庭贫困状况想让孩子无忧无虑的，除非能迅速脱贫致富，要不终究是瞒不下去的，等孩子需要留学、买房、花钱时，发现真相的孩子就再也不能无忧无虑了。

隐瞒富有状况的，当孩子因为贫穷而克制自己时，他以为他在和父母一起担负家庭的责任，最后却发现只是个谎言，他不仅会悲伤，还会愤怒吧。

不要以为所有事情都会按照自己预想的那样发展。别高估了自己，也别低估了孩子。

只有那些永远躺在坑里从不仰望高空的人，才会没有出头之日。

被看到很重要

□雯　颖

生活中，我们经常能够感受到"被看到"的重要性。比如费了很多周折才签下的订单，默默努力才取得的一点点进步。得到同事或老师的关注和认可，有时候比订单和成绩本身更加令人感到欣慰和鼓舞。

人们在乎"被看到"，是因为很多事情并不浮于表面，那些有关情绪的、内心的、背后的情愫和内容，我们希望有人能够理解。

小孩子也是如此。

我们常常觉得小孩子幸福，是因为有大人的关心和照顾，他们什么都不用操心。但我有时候觉得，小孩子也有不那么幸福的地方，就是没有自主权。他们不能决定晚上去哪家餐厅吃饭，下次去哪里旅游，仅有的情绪出口就是对父母诉说和哭闹，但是又时常被忽略。

"小孩懂什么！""没事儿，让他闹一会儿就好了。"这两句话被很多父母当作万金油，他们不知道小孩子也有喜怒哀乐，也有很想或很不想做的事情。

我给大家分享一件自己10岁左右时发生的事情。

那年，爷爷带我去商场挑了一只兔子玩偶，我视若珍宝，因为那可能是第一件由我自己挑选的玩具。我每天兔不离手，去哪儿都抱着它，于是在春节拜年期间就把它带去了小姨家。

一进门，小姨就对表弟说："你看姐姐多好，给你带了玩具做礼物。"然后直接把兔子拿走了。我在错愕中参加了当天的聚会，一直惦记着我的兔子。之后，我几次向妈妈求助，想要回我的兔子，妈妈都觉得开不了口。

过了几个月，在我的再三要求下，妈妈才觉得这是件事儿，于是带着我去索要。但是小姨说："哎，早就不知道把它给谁了。"

可能在大人眼里，不就是一个玩具嘛！妈妈这么觉得，所以不好意思索要；小姨也这么觉得，所以很轻易地拿走了它，很轻易地将其送人。但是它不仅是我的玩具，还是我的心爱之物，没有人看到和理解。

这就是小孩的无奈之处。换作大人，总会有人问问本人的意见吧？

现在我有了孩子，我时常会对她说："你愿意做那件事吗？你想要和别人分享吗？不愿意便不用勉强。"

有一位当老师的朋友跟我说："有一名学生敞开心扉跟我聊天，说他上课和同学说话、出洋相，其实是想得到老师和同学们的关注。他成天玩游戏、买装备，也是想让更多的同学认可他。"

这就是孩子的求关注的心理。如果他的欲望、情绪能够轻松地被看见和理解，那么，他就不必用一些非常规的方式来寻求关注了。

所以，别忘了孩子也有喜怒哀乐，请你关注他，真的"看到"他。

> 人间一趟
> 积极向上
>
> 我们要的或许不是爱，而是偏爱，从他人的偏爱里，确认自己是独特的。只有这样，才能消解在芸芸众生中的孤独。

多看效应：
为什么看的次数越多越喜欢

□卜伟欣

多看，顾名思义，就是要重复地看，不止一次地看。多看，多记知识点，这样考试才会胸有成竹，才能对答如流。而这种对出现频率越高的事物印象越深刻的现象，在心理学上称为"多看效应"。

有人认为，喜新厌旧是人的天性，"出镜率"过高容易使他人产生视觉疲劳，其实不然。20世纪60年代，心理学家扎荣茨做过一项实验：随机抽取一些志愿者，把不同的照片以无规律的顺序呈现在他们的面前，请他们说出对照片的喜爱程度。实验结果表明，被试者更喜欢那些看过次数较多的照片，也就是说，随着翻阅次数的增加，人们对照片的喜爱程度也有所增加。

同样的道理运用到社交关系当中，也站得住脚。对于初次见面的人，最好能够在分别之后适时地主动联系对方，即便只是一条问候的短信。久而久之就能够加深对方对你的印象，"礼多人不怪"就是这个道理。再就是可以在自己所处的交际圈中多多露面，经常出席一些公共场合的活动，增加自己的"出镜率"。就像很多明星一样，频频参加各种活动更容易被观众熟知，对事业成功有帮助。

"多露面"能给自己带来更多的机会和便利，这是"多看效应"的作用。就拿职场新人来说吧，同样是刚刚参加工作的员工，但在所有人当中，有两种人的人缘通常是最好的：

第一种是"聚会积极分子"，他们经常会参加一些同事的聚会，在聚会中既懂得表现自己，又不会过于张扬，借着聚会的热烈气氛拉近彼此之间的感情，与大家建立良好的关系。

第二种是性格开朗、乐于助人的人，他们通常会主动与同事、上司打招呼，并通过请教问题等方式制造谈话的机会，将自己的优点在交流中一点一点地告知对方，从而给对方留下深刻的印象。

总之，若想博得他人的注意，就要留心提高自己在别人面前的"知名度"，只要做得适宜、适度，成为众人都喜欢的"开心果"也就很容易了。相反，一个自我封闭的人，或是一个面对人群就逃避和退缩的人，一般很难拥有较好的人缘，他们很难在人们脑海中留下深刻的印象，不容易被人记住和想起，与孤独为伍也就成为必然。

> 人间一趟
> 积极向上
>
> 谈论你所爱的事物，最好的方法是轻轻说起它。

苍蝇会不会觉得自己蝇生漫长

□司马亿

1

前一段时间看了《动物的内心戏》一书，产生了一个全新的思考：

世界上约有3000种生物的生命只有短短几分钟，大多数生物达不到人类这样的生命长度，那么，动物会不会也觉得自己的一生漫漫无期？

一只飞虫能够在30毫秒内改变飞行的方向，在这段时间里，它处理了大量的信息。如果苍蝇能够像人类一样擅长思考，苍蝇拍即将落下的瞬间，足够让它回望蝇生，想起那些逝去的青春，并在最后爆发所有的力量，躲过这致命的一击。

在这不过30毫秒的时间里，电信号在苍蝇的体内飞速窜动，对人类而言极短的时间，对于苍蝇或许就是极其漫长的。这么说来，苍蝇的生命比我们想象中的要长，但前提是，它们能够思考吗？

这个问题确实有点儿挑战，我们可以从苍蝇的近亲、实验室宠儿——果蝇开始聊起。

科学家对这种昆虫的大脑进行了深入的研究，给果蝇的大脑植入电极，这只需要一台显微镜、头发丝粗细的铁丝，加上一双巧手就能完成。

测试物是一根带有香蕉气味的黄色带子。果蝇见到这根假香蕉会有什么反应？人类有100亿个神经细胞，而果蝇只有大概25万个神经细胞，不过"五脏俱全"。为了定位眼前一闪而过的食物源，果蝇脑袋里有好几个区域同时工作。

果蝇将感兴趣的部分放大，将注意力集中在特定区域，而将背景里的其他物品，例如灌木、草地、厨房乃至研究人员都虚化了。虚化功能这种特殊的感知模式实际上是一种原始的智力形式。

事实上，我们每秒大约会接收1100万比特各种不同的信息，但其中被我们主动注意到的只有50比特，只有信息总量的0.00046%。

这可不是人类不够聪明的表现，相反，能够虚化无意义的信息，在庞大的环境影响中只接收相关的0.00046%，是一种过滤信息的能力，也被认为是拥有意识的先决条件。而小小的蝇类竟然也展现出了这种天赋。

2

从我们日常的观察中，与人类最亲近的犬类在睡梦中会抽动爪子，似乎进入梦乡到了另一个空间。

科学家研究了处于睡眠状态下的斑马鱼，惊喜地发现它与人类在睡眠方面很相似。斑马鱼和人类都会在睡觉时控制食欲素水平，而且超过450种对睡眠会产生影响的物质共同存在于人类和鱼类之间。

动物是不是也会做梦？这成了判断动物能否思考的又一刁钻角度。

那么果蝇会做梦吗？确实有研究发现，果蝇的睡眠模式是由与我们相同的基因控制的，因此认为果蝇有可能会做梦。

而且果蝇睡着后确实会像狗一样蹬脚，但我们还不能明确果蝇在睡觉时身体为什么会动，所以真要说果蝇会做梦还牵强了些。

看来要从现有研究中，证明苍蝇的蝇生是漫长的，还远远不够。

《动物的内心戏》中提到，越来越多的研究者致力研究动物的感情、心智状态。

如果你能够接受"多数生物拥有情感，也拥有思考的能力"，那么你眼中的动物世界必然自带吐槽功能。

尽管研究日益丰富，但要从科学的角度去透视一只苍蝇的蝇生依然难度很大。我们很难理解不同思维程度的生物，在思考某件事情时的角度和广度。

何况谁又真的因为一只苍蝇能思考就对它网开一面，蝇生的荣光本就不同，要不就在危险边缘试探，要不就在轰鸣中灭亡。

人间一趟 积极向上 假如生活中你得到的全是阳光，你就成沙漠了。

你在努力，
你的大脑在偷懒

□国 馆

学生时代，相信大家都做过这样一件事：摘抄错题。每次考完试或批改完作业，总有一堆"努力"的同学把错题抄到"错题本"上。那字迹，那排版，像练字一样美观工整。但错题本一合，不会翻开第二遍。里面的错题，压根就没有弄懂。接下来的考试，错过的题目还是会错。雷军说过："永远不要用战术上的勤奋，去掩饰战略上的懒惰。"如果每次只是抄错题，不加以分析，就是毫无意义的重复劳动。因为你的大脑，始终在偷懒。

原来有个同事，每次经过他的位置，都看见他在写方案。我问他："公司最近接了很多项目？"他头也不抬，敲着键盘说："哪有很多项目啊，同一个方案，老板不满意，已经改第5遍了，烦死了！"我又问："他哪里不满意呢？"他很郁闷："就说东西不是他想要的，自己也不说清楚，就会叫我们改。"我很纳闷："那你可以先花点时间沟通呀。"他疲惫地说："哪有时间，每次要得那么急，马上写都不一定能写完呢！"那天晚上，他加班到了凌晨3点。但方案最终还是没有通过。可以说，他每天的努力都是白白浪费的。这就是重复劳动的最大特征，反复做对结果没有实质影响的事情。

爱因斯坦讲过一个故事：如果给我1个小时，去解答一道决定我生死的问题，我会先花55分钟弄清楚这道题到底在问什么。一旦清楚了它到底在问什么，剩下的5分钟足够解答这个问题。远离核心问题，即使付出再多时间，也只是徒劳无功。只有在最高效的环节中用力，才能取得事半功倍的效果。

就像朋友圈里的一群人，他们每天都特别忙，喜欢发"你见过凌晨四点的北京吗"的鸡汤。但是，这样没有效率的瞎忙，只会让他们越来越走不出人生的怪圈。正如卡尔维诺说的："这些年我一直提醒自己一件事情，千万不要自己感动自己。"人天生难免有自怜的情绪，唯有时刻保持清醒，才能看清真正的价值在哪里。

有人说：这个世界是懒人创造的，而不是努力的人创造的。人们不想走楼梯，于是发明了电梯。人们懒得走路，于是发明了汽车、火车和飞机。做得更少，但效率更高。

所以，要想达成自己的目标，首先不应该是瞎忙一通，而是要思考，用什么"偷懒"的方法，才能将自己的成果最大化。等你思考完了，你会发现，其实不用花那么多时间和精力，你就能达成事半功倍的效果。

> 人间一趟
> 积极向上
>
> 我们最大的悲哀，是迷茫地走在路上，看不到前面的希望，我们最坏的习惯，是苟安于当下的生活，不知道明天的方向。

敬 启

本书为正规出版物。在阅读过程中，若遇内容方面任何问题，请与我们联系，联系电话18501931246。因此影响到您的阅读体验，我们深感抱歉！感谢您对本书的认真阅读。